奇特物种

那些你意犹未尽的植物故事

踏花笔记◆编著

海峡出版发行集团 | 福建科学技术出版社

THE STRAITS PUBLISHING & DISTRIBUTING GROUP | FUJIAN SCIENCE & TECHNOLOGY PUBLISHING HOUSE

图书在版编目（CIP）数据

奇特物种：那些你意犹未尽的植物故事 / 踏花笔记编著.—福州：福建科学技术出版社，2024.5

ISBN 978-7-5335-7242-6

Ⅰ.①奇… Ⅱ.①踏… Ⅲ.①植物－普及读物 Ⅳ.①Q94-49

中国国家版本馆CIP数据核字（2024）第065327号

出版人 郭 武
责任编辑 柴亚丽
装帧设计 吴 可
责任校对 林峰光 王 钦

奇特物种：那些你意犹未尽的植物故事

编　　著 踏花笔记
出版发行 福建科学技术出版社
社　　址 福州市东水路76号（邮编350001）
网　　址 www.fjstp.com
经　　销 福建新华发行（集团）有限责任公司
印　　刷 福建省地质印刷厂
开　　本 889毫米×1194毫米 1/32
印　　张 5.25
字　　数 57千字
版　　次 2024年5月第1版
印　　次 2024年5月第1次印刷
书　　号 ISBN 978-7-5335-7242-6
定　　价 28.00元

编委会

目录

1

鹿藿：外星人的大眼睛

豆叶曰藿，鹿喜食之，故名。

“我叫野绿豆，我可以祛风除湿。”

“我叫老鼠眼，我可以消积散结。”

“我叫鬼眼睛，我可以消炎止痛。”

“我叫乌眼睛豆，我可以舒筋活络。”

……

如果你以为这是一群草药精灵在聚会，那可就误会啦，其实它们是同一种植物，中文正式名称为鹿藿，是豆科鹿藿属植物。我国各地对它的称呼五花八门，以上都是它的俗名。

听起来这些俗名都跟豆子或眼睛等这样圆溜溜的东西有关，可它为什么叫“鹿藿”？似乎很不接地气。鹿藿古而有之，它有悠久的药用历史。李时珍在《本草纲目》中记载：“豆叶曰藿，鹿喜食之，故名。”原来，它是因为鹿喜欢吃它的叶子才叫鹿藿。

林深处见鹿。想象中鹿喜欢吃的草应该长在深山老林、绿野仙踪之地，但鹿藿其实十分普通，它是多年生草质藤本植物，常生长于山坡路旁、灌木杂草中，喜欢温暖湿润的气候，在我国福建、江西、湖南、湖北、广东、广西、台湾等地区广泛分布。

鹿藿春天长叶，近卵圆形的三出复叶青翠可人；初夏开花，淡黄色蝶形小花聚拢在一起，每朵花不到1厘米长，在春夏姹紫嫣红的各等花色中并不起眼。经过南方漫长夏季的炙烤，花消果出，长椭圆的绿果荚有点像压扁的花生，小巧玲珑。杲杲秋阳中，果荚逐渐鼓胀，颜色转红变紫，此时是鹿藿最美的时刻。

百闻不如一见。深秋一个阳光明媚的周末，寻一座无名小山，约上小伙伴来一趟寻果之旅。一路上杜若、蛇葡萄的果实深邃高洁；白英、红丝线的果实璀璨耀眼；毛冬青、南方荚蒾的果实娇小密集……乱果渐欲迷人眼。终于，我们在一座略显破败的农舍围栏上找到了鹿藿。

午后的秋阳，和煦妩媚，鹿藿的藤蔓，柔软婉转，仿佛一条绿色长龙缠绕在栅栏上。阳光给鹿藿枝叶镀上一层金光，枝条上淡黄色柔毛丝丝可见，而墨绿色叶子中红色果荚围成一团，一簇足有十多个，像是一群穿红裙子的小姑娘围在绿色幕布边，一起为下一场演出互相打气，又像是在密谋一出恶作剧。

最吸引人的，莫过于旁边一串心急的紫红色豆荚，果荚已经完全爆裂，张开大嘴，露出两颗黑色的种子，种子大而圆，几乎把豆荚填满。那乌溜溜的豆子如稚童的双眸，仿佛蒙上一层水雾，

鹿藿：外星人的大眼睛

在阳光的照射下更加晶莹剔透，单纯又迷茫。

是谁把鹿藿的种子叫作老鼠眼？又是谁把它叫作鬼眼睛？这分明就是一双来自外星人的大眼睛，好奇地打探着外面的世界，没有一点是非恩怨，不染一缕人间烟尘，不谙世事，又坚定无比。想象着如果一簇豆荚同时裂开，眼睛凝望着眼睛，眼睛穿透过眼睛，恐怕连“三眼外星人”也自愧不如吧。

就在我们沉浸在外星人的科幻之中时，一位上了年纪的老大爷悄然来到我们身边，原来是房屋的主人。他跟我们唠起家常：鹿豆（又一种称呼）是个好东西，二十世纪五六十年代闹饥荒时，实在没有吃的，村民们就采摘鹿豆的嫩叶，和上麦麸或粗糠，或将豆子磨面做成饼子用来充饥。现在牛羊都不吃咯，但村里还有留守的老人栽种鹿豆，主要是把它当成草药。它的根又直又长，我们也叫它“一条根”，用来治疗风湿骨痛……

果然鹿藿全身都是宝。在我国古代，位于食物链底端的平民百姓被称为“藿食者”，与此相对应的贵族统治阶层称为“肉食者”。由此可见，鹿藿食用价值古来有之。而东汉时期的《神农本草经》对其药用价值、用药配方有着详尽的记录和描述。

鹿藿与其他草药搭配，更是可以变化出许许多多的药用经方。除了食用和药用，利用其攀缘附着能力，鹿藿还被人们开发为绿色建筑材料，用于墙面、护坡绿化造景。同时因其根系发达及强大的适应性，鹿藿也可用于防沙固氮，改善土壤。

“我叫外星豆，我可以传承过去，造福现在，探索未来。”瞧，鹿藿的集合队伍中又多了一位天外来客。

文 / 木栖

2

木棉：吐棉花的“英雄树”

开，不遗余力；落，有声掷地。堂堂正正，昂扬天际。

在2023年中央电视台第四季《经典咏流传》的节目中，台湾歌手姜育恒以其独特沧桑的嗓音演唱了一首《木棉》，这首歌是根据清代诗人张维屏的诗作改编的。以一棵树的名字来命名的歌曲尚不多见，木棉能有幸上榜，源于其独特的美丽和象征的意义，正如歌中所唱："开，不遗余力；落，有声掷地。堂堂正正，昂扬天际。"

木棉，别名攀枝花、英雄树等，是木棉科木棉属的热带、亚热带植物，在我国的南方城市多有分布。木棉花是广州市、攀枝花市和高雄市的市花。木棉外形高大威猛，树干笔直挺拔，幼树树干上通常有圆锥状粗刺，成年粗刺逐渐脱落。不开花时，枝繁叶茂，青绿如盖。初春时，木棉树边落叶边孕育花蕾。忽一日，忍耐了一个春季的木棉开花了，远远望去一片如霞似锦的木棉花开满枝头，那满树的红花不带一片绿叶，鲜艳、纯粹，红得热烈持重，如火如荼。微风掠过，怒放的花朵仿佛鸟雀跃上枝头，一扫暮春时的沉闷和阴郁。

木棉花期并不长，盛花期仅半月余。一阵风过，便毫无征兆地齐齐坠落。许是木棉花为革质的，坠落在地的花朵还是那么完整鲜艳，丝毫没有一般落花的颓势。驻足树下，你能清晰地听到落花的声音敲打你的心房，果断决绝，甚至有点惊心动魄。

一段沉寂过后，约莫五六月份，如果你路过木棉树下，会有一丝丝洁白的棉絮飘落在你的脸上。哦！原来是木棉成熟的果荚裂开后吐出的棉花，棉絮包裹着木棉的种子，随风轻舞。“朵朵开残口有绵，雪花飞满女郎前。织成白緤温柔甚，持于兰房作褥眠。”明末诗人屈大均生动描述了木棉絮如六月飞雪的浪漫情形，画面感十足。

虽然木棉絮对鼻炎患者和过敏体质的人不太友好，但其应用历史悠久且广泛，用它织布的技术可追溯至汉代或更早。三国时期的《南州异物志》就曾载：“五色斑衣以丝布吉贝木所作。”吉贝即是木棉的古称之一。随着棉花的量产以及纺织技术的简化，木棉因纺织技术过于复杂且采摘困难而日渐式微，只在一些少数民族中还保留着古老的木棉纺织技艺。除了织布，木棉絮尚可作为枕头、被褥、墙板、轮胎等的填充物，松软温暖，保温防火。

木棉被称为吉贝或英雄树，源于一个古老的传说。据传五指山黎族有位老英雄，名吉贝，经

常率族人抗击敌人，保护家园。一次因叛徒出卖，吉贝被敌人抓捕，绑在木棉树上严刑拷打，直至被残忍杀害。当地人为纪念他，将木棉称为吉贝或英雄树。清初“岭南七子”之一的陈恭尹有诗曰：“浓须大面好英雄，壮气高冠何落落。”第一次正式将木棉比作英雄，同时也生动地描述了木棉威猛挺拔、睥睨四方的英雄气概。

“攀枝一树艳东风，日在珊瑚顶上红。春到岭南花不小，众芳丛里识英雄。”这是开篇提到被改编为歌曲的张维屏诗作。张维屏系广东番禺（今广州）人，鸦片战争后，曾写下了《三将军歌》《书愤》等一系列爱国诗篇，而这首木棉诗正是咏物明心的经典诗篇之一。在广州，木棉是市花，很多广场、纪念馆门前都有种植。广东中山纪念堂东北角，有一棵木棉，树龄约350年，曾被评为“中国最美古树——最美木棉”，堪称“木棉王”。每年开花时，声势浩大，硕大红艳的花朵，开满枝头，远观如烈焰在燃烧，引得广东，乃至全国各地的游客趋之观赏。人们赞叹木棉的同时，也凭吊爱国志士。

对于“食在广东”的人来说，木棉花还是很好的食材。每年落花时节，许多人会去捡拾落花，洗净晒干后，或煮粥，或炖排骨，有清热解毒之功效。年轻人则常常把落花摆成一个火红的“心”，表达一种浓浓爱意。著名诗人舒婷在《致橡树》中写道：“我必须是你近旁的一株木棉，作为树的形象和你站在一起。”因而木棉常用来形容齐头并进又各自独立的情侣。

珍惜眼前的幸福，是木棉花的花语。山河无恙，烟火寻常，这是历代“英雄”们远眺的热望。

文 / 木栖

3

桑寄生：在粑粑中穿越的寄生

一粒重寄生的种子跨过重重阻隔，从粑粑中穿越而来……

一只暗绿绣眼鸟从高处飞来，撅起细长小尾，“嗞……”一声，落下一坨粑粑，构树浑身一颤，躲闪不及，已被黏糊糊的粑粑砸中。鸟儿飞走，留下一阵狂笑和一根被它越拉越长，最后断裂在风中的金丝。

有人说，这金丝橙黄剔透得如黄冰糖的拉丝。虽然知道是怎么一回事，但还是有些恶心。这是桑寄生果胶与鸟屎的混合物。被子植物中，有一类坐享其成的寄生，它们不能独立生活，必须依靠其他植物（这类植物称为寄主）获取生存需要的养分和水分。寄生又有全寄生和半寄生之分。全寄生完全依靠寄主，本身不能合成叶绿素。半寄生植物有光合作用，可以自身合成叶绿素，它们多是桑寄生科、槲寄生科、檀香科、玄参科及樟科中的子民。

对于人类来说，不劳而获的行径要被唾弃，对于寄生植物来说，这是千万年进化来的特殊本领，无关对错，却有关智慧。当然，对于寄主，这并不公平，它将终生背上沉重包袱，甚至过早灭亡。这是一场暗杀。热带雨林中的榕属植物，如笔管榕，是用气根赤裸裸地绞杀附生植物。桑寄生则是悄无声息地用吸器吸住寄主枝干，直入维管束，汲取汁液，它是名副其实的“吸血鬼”。

暗杀过程相当漫长，但也不尽然。我曾亲眼见识，短短两年时间，一丛红花寄生（桑寄生的一种）将一棵十多年树龄的四季桂杀灭的全程。

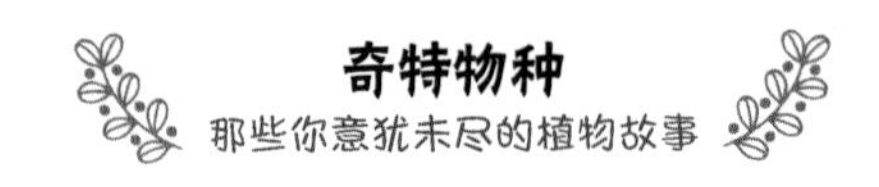

如此结局，其原因不知是桂树太孱弱，还是红花寄生太凶狠。无疑，这是一丛愚蠢的寄生。杀害不是目的，共存才是硬道理。离开寄主，岂能独活？

将桑寄生与寄主连在一起，鸟类功不可没。在南方，它们主要是白头鹎、绣眼鸟、啄花鸟、太阳鸟之类身姿优美的小型鸟。它们与桑寄生之间有种与生俱来的默契。桑寄生最早被发现寄生在桑树上。后来，人们发现它在许多果树上都能寄生，如梨树、柚树、桃树、柿树、黄皮果等。桑寄生不是一种植物，而是许多不同种属的植物泛称。在中国，桑寄生有 11 属，约 64 种，大多分布在华南、西南地区。在城市里，可供养寄生的果树不多，它就转而把“黑手”伸向鸡爪槭、构树、福建山樱花、观赏石榴等树。这些树虽不那么甘甜，但马马虎虎可将就。

冬日，落叶树陆续褪去华丽的衣裳，肃穆而

桑寄生：在粑粑中穿越的寄生

宁静，它们身上的桑寄生则愈发蓬勃，在光秃的树枝上显得格外丰茂。它们迎来一年中最值得欣喜的季节，各房果实在你追我赶中成熟。谁的果实更加饱满，谁的果皮更加铮亮，谁就更能赢得鸟类的欢心。

满枝豆大的艳丽果实，将“鸟心”挠得痒痒的。沉着的，尚能从容观望、选择；心急的，已迫不及待地扑过去，大快朵颐。桑寄生果是浆果，

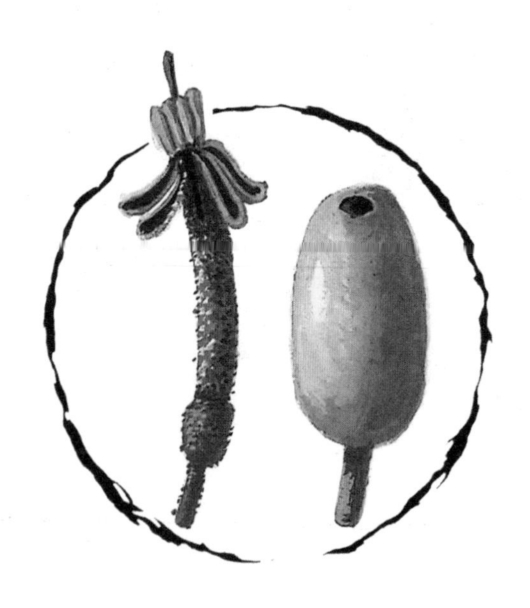

除了种子，便是棉花糖般充实果肉的果胶。这果胶堪比 502 胶水，黏性极强，沾到哪，就死命黏住不放。它们必须牢牢把握生存机会。毕竟在自然状态下，桑寄生的种子萌发率极低。黏住，才有活路。

有的鸟，嘴小，又或许啄得文雅，它的嘴被果胶黏住，黏糊糊的，感觉不好受，只好把嘴放在枝上来回磨蹭，桑寄生就趁机贴上树枝。有的鸟，吃相难看了些，整果囫囵吞入，果皮被消化，种子却在粑粑中快乐穿行，落到哪一棵树上，就黏上哪棵树。当然，寄生要真正和树枝发生关系，就必须靠寄主的配合。据科学家研究，一粒种子能不能寄生成功，取决于寄主是否适时释放活性物质，给寄生可乘之机。但这种概率毕竟太小。这太考验一粒种子的耐性啦！

当机会来临之际，静候多时的种子，爆发洪荒之力，挣脱一切束缚，伸出触角般的吸盘，四处探索，迅速与寄主的枝条接合，并扎入深处。

桑寄生完美完成寄生。它每日快乐地吸取浆汁。很快地，从一棵小苗变成一丛，美丽的花朵忍不住在它身上蹦了出来。一只体态轻盈、外表娇美的红胸啄花鸟飞了过来，在它的身上停歇。

“嗞……”猝不及防的意外降临在桑寄生身上。它想挣扎，但无法逃脱。以其寄之道还治其寄之身，天道轮回。一粒重寄生的种子跨过重重阻隔，从粑粑中穿越而来。它是檀香科重寄生属植物。寄生之上再寄生，是桑寄生的命运，也是它噩梦的开始。

文／青色

4

无患子：搓泡泡的天然肥皂

搓出一掬无患子的泡泡，洗去一身尘垢，连同忧虑。

无患子，南方佳木，闻其名，犹如武林高手的称谓，实则是隐逸在佛教领域的“植物界高僧”，拥有专属的经书《佛说木患子经》。

相传，释迦牟尼的第一串佛珠，便是用无患子的果核打磨而成。如果你以为无患子仅仅涤荡了世人的精神世界，那是不够的，它是大自然馈赠于人类的天然肥皂，人们用它洗濯身体上的尘垢，“一洗尘嚣身如玉，浑身轻盈得自由”，自得一份洁净轻松的愉悦感。

洗个舒服的热水澡，对于今天的我们来说，

是再稀松平常不过的事了，但在久远的古代，沐浴更衣的理由都必须师出有名，或为了祈福祭祀，或为了庆祝人生的某些重大时刻。反正，绝不洗无名目之澡。彼时，准备沐浴用的热水都需大费周折，能供人们清洁用的肥皂也不易得，所以沐浴才变成一件需要被隆重对待的事。

在科技和工业发达的今天，有各种名目繁多的清洁剂可供我们选择，如香皂、沐浴露等，我们随时可以把泡泡搓起来，古人却需要用漫长的时间，去发现大自然中具有清洁能力的洗涤剂。从先秦时期利用谷物的“潘汁”（淘米水），到汉代的草木灰，魏晋时期的皂角，以及明代开始有记载的茶籽粉和无患子，人们锲而不舍地去发现，去探索泡泡的奥秘。无患子应该是其中最为简单实用的天然肥皂，因此古代的人们对无患子树是顶礼膜拜的。

无患子树是南方的树。南方的初冬时节，许

多树木仍是一派生机勃勃的样子，只是悄悄把叶子从浅绿换成了深绿。无患子树就不一样，羽状的树叶浸染成一树金黄。更为神奇的是，无患子果似乎和叶子约好了一起变黄，一串串挂满了枝头，乍一看，像极了龙眼，甚至比龙眼看起来还更加诱人。有时，将它的果剥开，晶莹如琥珀，让人爱不释手。当然，它也会黏着你不放。

无患子科植物盛产美味的水果，如龙眼、荔枝、红毛丹等，如果依此断定无患子果的味道应该也差不到哪里去，而随手往嘴里丢一颗嚼嚼，只怕会令你大失所望，又苦又辣。当你苦着脸，咧嘴把它吐出来时，可能你会惊奇地发现自己变成了泡泡机，嘴里可以吐出不少的泡泡来。

在我看来，无患子是无患子科中骨骼最为清奇的那一位，它的亲戚们多是靠齿颊留香的味道而在植物界声名大噪，东坡先生就曾因为“日啖荔枝三百颗”，而萌生出“不辞长作岭南人”的

无患子：搓泡泡的天然肥皂

念头。秋冬季节，南方街头巷尾常见满树垂挂的无患子果，但它们是虫蚁不食鸟不啄。如果我们担心那满树累累的无患子果白长了，那就多虑了，植物界从不缺美味的果实，但具有清洁功效的果实却是寥寥无几，为人们所知的也不过是无患子果和皂荚果。

无患子之所以被人们称为圆肥皂、桂圆肥皂，是因为它是一种拿来就能用的天然肥皂。无患子果的果皮部分含有丰富的皂苷，你只需把果皮部分与果核分离开，果皮加点水，揉搓片刻，便会生出许多绵密可爱的小泡泡。用它洗过的手是清爽干净的，并且留有淡淡的龙眼或荔枝果肉的甜香味，更神奇的是香味虽淡却能留香许久。

无患子果搓出的这些小泡泡，是不容小觑的泡泡，是无患子造福人类最重要的功用之一。早在明代，李时珍就在《本草纲目》中详尽记录了无患子果强大的效用。无患子洗发可去头皮屑，洗脸可增白去斑，捣烂后，搓出泡泡洗澡，可以去垢并且滋养皮肤，使用价值胜于皂荚。

哪一个孩子的童年，没有因自己吹出的五彩缤纷的泡泡而欢呼雀跃？记得我们小时候周末闲暇时光，曾用芦苇的秆子蘸无患子泡沫水，吹出一串串轻盈可人、随风飘浮的小泡泡，然后小伙伴们追逐着泡泡……童年真是美好！无忧无虑的童年时光是那么短暂。

无患子，无忧亦无患。忧虑之时是不是可以搓一搓，搓出一掬无患子的泡泡，洗去一身尘垢，连同忧虑。但洗，但洗，俯为人间一切！

文／明媚

5

茅膏菜：我可不是吃素的

茅膏菜一定苦读过《孙子兵法》，并钻研过“三十六计”。

正午时分，山坡如同一幅静止的画面，一个尖锐的声音打破了宁静。

“你为什么吃苍蝇？”刚刚冒出头的新生苔藓瞪大了眼睛，惊恐万分，不解地望向神仙一般的茅膏菜姐姐。

茅膏菜使劲吧唧一下嘴巴，用舌头舔了舔嘴角，白了小苔藓一眼，抖了抖大触手，不紧不慢地道：“大惊小怪，没见过世面的小家伙！”

茅膏菜外表清丽，号称植物中的“蛇蝎美人”。如果你以为开着纯白小花，身形弱柳扶风的它，是靠吸风引露而活着，那么你就大错特错了——它可是无肉不欢的。它是茅膏菜科茅膏菜属植物，是食虫植物中的一个大类，全球约100种，我国共有6种，大多数分布于长江以南各地以及台湾等沿海岛屿。

那你知道它是怎么捕虫的吗？会不会是林黛玉屠牛式的既视感？

林下阴沟边的斜坡上，一朵朵小白花亭亭玉立随风摇摆。她正是危险与美丽的矛盾组合——茅膏菜。茅膏菜一定苦读过《孙子兵法》，并钻研过“三十六计”。它在捕获猎物的过程中，利用了“美人计”“瞒天过海计”，给猎物挖了个温柔的陷阱。它呈线状结构的叶片上密布可产生黏液的腺毛，非常细密。腺毛的顶端又包裹着透明黏液，散发着迷人香气，在阳光下如美杜莎的满头卷发，挂着足以致命的鲜红露珠，让小昆虫一时闪神。一只“倒霉蛋”中计啦！它以为这芳香之地，有美食，更有佳人，殊不知这片刻的迷失和迟疑，即将断送卿卿小命。

“嗡嗡嗡……”小昆虫激动地停在黏液上。

“叮”的一声，机关启动。

“不妙，上当！”小昆虫拔起脚，扑腾扑腾翅膀，却已经动弹不得。此刻的它，一定悔不当初，哪有什么天上掉馅饼的美事啊！

小只的猎物会立刻被黏液固定住；像苍蝇一样的、稍大一些的猎物，则会在被粘住之后不断挣扎，但为时已晚。茅膏菜叶片上的连环机关收到命令，腺毛好似吸盘一样，慢慢锁住，一根根向内弯曲，卷地毯般来个死亡拥抱，最终猎物动弹不得，此时的茅膏菜就可以享用它的大餐了。

让我们仔细研究它的狩猎过程：当昆虫的气孔被黏液完全堵住的时候，它们就会逐渐窒息死亡。茅膏菜的腺毛和叶片运动发生在几分钟至数小时内。由于植株矮小，运动时间相对较短，我

茅膏菜：我可不是吃素的

们一般不易察觉。而叶片表面的腺体则会分泌出一种酶，在 5—10 天内将昆虫消化掉，最后只留下昆虫的几丁质外壳。

享用完它的美食，茅膏菜再次开心地甩甩叶片，等待下一个好奇宝宝。但每个叶片使用次数终归是有限的。据科学家统计，茅膏菜的每个叶片可以捕捉昆虫 3—4 次。超过这个次数，叶子就会渐渐枯萎，把捕食的机会让给新的叶片，这样才能让自己的家族更加庞大。

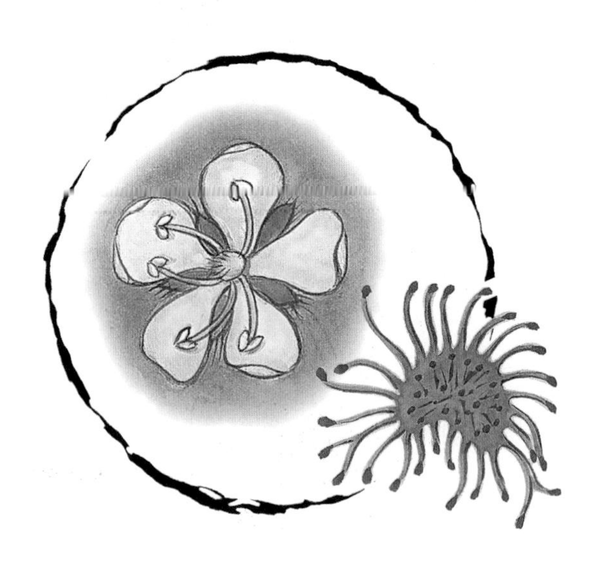

进化论的奠基人达尔文就曾经花了很多时间，对茅膏菜进行了细致的观察和实验。他尝试用各种昆虫和我们常吃的食物接触茅膏菜的腺毛，看看它对不同的食物会作出什么不同的反应。

经过大量的实验后，达尔文发现，茅膏菜会非常敏锐地识别一些含氮元素的物质，比如说蛋白质、脂肪、奶酪。而这些正是它喜欢吃的东西。它可不是随便丢个烂香蕉、毛毛虫就能被忽悠的，“蛇蝎美人”有自己的原则。

后来，人们不断探索，对于茅膏菜挑食的原因给出了科学的答案。

茅膏菜通常生长在水源充足的沼泽地，或潮湿的荒野，且土壤要偏酸性。由于生长环境的土质比较疏松，茅膏菜的根系通常不发达。而植物健康生长需要三种关键元素——氮、磷、钾，它不能很好获取。大自然这个造物主，怜惜这么可爱的小精灵，突发奇想，让它吃荤，以补充氮元素。

茅膏菜虽然带个“菜”字，却不适宜食用。我们可以把它种植在家中。它小巧精致，开花时也能成为家中的一道风景线。最主要的是，它可以帮你抓几只小蚊子、小苍蝇，这样天然的灭虫器，是不是特别的实用？有时，它还可顺带激发你的探索欲，通过近距离和持续的观察，说不定能从中得到新的发现，你说呢？

文 / 蓝鹊

6

鬼针草：跟人走的钩针

子作钗脚，着人衣如针。北人谓之鬼针，南人谓之鬼钗。

小的时候，看着扎根于土地里的植物们，总会猜想，它们一定非常羡慕候鸟吧？可以南北迁徙，遨游长空。它们也一定非常羡慕洄游的鱼儿吧？逆流而上，游过大江大河。而它们只能默默地偏安一隅。

后来，我知道了，植物们也能以种子传播的方式流浪八方：蒲公英的种子慕风远飏，朝着新的方向飘散开来；椰果成熟后落入海中，逐浪前行，到达陌生的彼岸；还有一些黏人的小家伙，比如鬼针草，它们总是神不知鬼不觉地黏附在人的衣物和动物的皮毛上，跟着它们走四方。

因为喜欢花草，山野草丛便成了游乐园，令我流连忘返。但每次游玩归来时，总会粘回一裤腿的“小钩针”。许多小伙伴一定都有过这样的经历：为了摘除这些跟着回家的“小钩针”，需要花费不少的功夫，它们不似其他黏附身上的杂物尘土，抖一抖就能清除干净，而是要逐一摘除，耗时又费力。如果你想偷懒，没有把它们摘除干净，它们一定会透过衣物，让你深刻地体会到什么叫作如芒在背、如坐针毡。那时，我对这些黏人的小家伙是深恶痛绝的。

这些跟人走的“小钩针”，其实是鬼针草的种子。古籍《本草纲目》就对鬼针草的种子作了生动的记载：“子作钗脚，着人衣如针。北人谓之鬼针，南人谓之鬼钗。”原来，远在古代，南北地域的人也都中过这如鬼魅暗器般种子的招，所以不约而同地以“鬼”冠而名之。

鬼针草虽然拥有一个唬到人的名字，但它绝对长着一副人畜无害的模样。它是一年生的草本植物，人们对它并不陌生，特别是白花鬼针草，一身枯荣随缘的淡然气质，即使人们不知道它的名字，见其形态，也会自然而然地称之为“路边的野菊花”。它们也确是菊科植物。

在寒冷的北方，鬼针草的花期是八九月份。而在温暖潮湿的南方，特别是福建以及两广地区，气候、土壤都特别适合它们生长，所以四季都能洋洋洒洒地开着清新的小花。这是植物界著名的“开花机器”，似乎不开花，就是对不起它到这世间一遭。

花谢后，每一株鬼针草又会结出无数枚的种子。人们惧怕的“鬼针”就是鬼针草的种子。它呈细长条形，约莫半根绣花针长短，针的顶端有三四枚芒刺，芒刺是倒钩状的，善于吸附。正是这样的构造，让它成为随时可以跟人走的钩针。

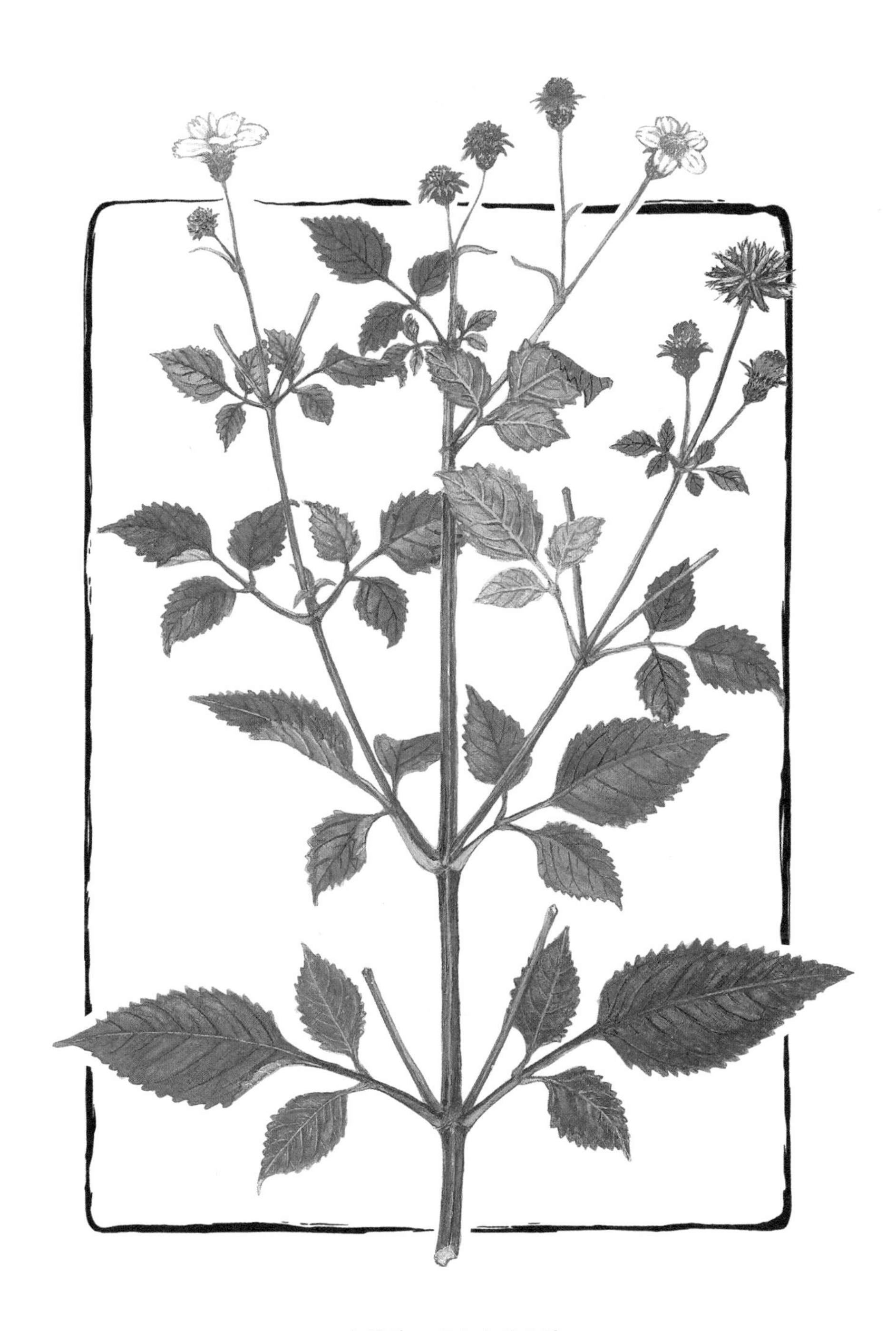

鬼针草：跟人走的钩针

当人们经过时，它们就“箭借草船”，然后开启一场传播之旅。

鬼针草的针，几乎“针无虚发”，落在哪里，哪里便是一棵新苗。街边巷角、校园的偏僻处、郊野的山坡，只要有一点点的生存空间，它们就会以一种杂乱无序的姿势生长开来，一丛丛一簇簇，无度蔓延，挤占了其他植物生存的空间。某些地方，鬼针草甚至上了外来危害植物的清单，它应该是被下围剿令中“最远古的外来移民”。

“彼之鬼魅，吾之缪斯。”当我们从野外粘回一裤腿的鬼针草种子时，一定是无比嫌弃，吐槽“这鬼东西又粘我满身”，并立即动手，除之而后快。鬼针草做梦都没有想到，有一天自己居然会成为一位发明家的灵感缪斯。

相传某一日，瑞士工程师乔治·德·梅斯特拉尔带着爱犬到森林里打猎，那些烦人的鬼针草一样粘着他，跟他回了家。梅斯特拉尔拔除这些钩针时并没有抱怨，反而被这些钩针的吸附力所吸引，瞬间灵感迸发，他希望这样的吸附力可以为人类所用。

梅斯特拉尔认真细致且深入地观察，经多年不懈努力，终于模仿芒刺与衣物吸附的原理，发明创造出尼龙搭扣，这一发明后来被广泛地用到了各行各业。想着这样一趟极为被重视的旅程，不知种子们是否会因此窃喜：任谁都不能妄自菲薄，哪怕平凡如我鬼针草，只要努力的方向对了，也将迎来属于自己的闪光时刻。

从美洲出发，没有人知道，鬼针草历经了怎样漫长的旅程，又是跟随了谁的脚步，如何跨越千山万水，在新的土地上繁衍生存。这些都已无从考证了，但无论如何，走过的路都值得珍惜。

文 / 明媚

7

枫香树：果子心眼贼多

> 成熟的枫香果，长满了“心眼”，那是小蒴果们打开了它们的心灵之窗，放飞了梦想旅行的种子。

冬日，凛冽的风漫无目的地吹，裹挟的寒意让人们的身体不自觉地缩了起来。枫香树下的空地，一群褐色的小球却无所畏惧，正乐此不疲地追逐着风。风越大，它们玩得越发开心，一会呼啦啦地朝着西北方去，一会又齐刷刷地往东南向跑。大风打了个旋，来不及掉头的它们便互相撞到了一起，没有龇牙咧嘴，只有“嘭嘭嘭”的快乐。

这些如孩童般顽皮的小球是枫香树的果实——枫香果。

见了顽皮的果，再来好好认识一下树吧。枫香树是蕈树科枫香树属的落叶乔木。说起枫香树，很多人可能不懂，但说起枫叶的大名，人们一定知晓。到了秋天，同一棵枫香树树叶上就会呈现五彩缤纷的色彩，包括黄、褐、嫩黄、橙红、赭红、血牙红、深红等色，但不限于此，故枫香树又有“五彩枫”之别名。北京香山、南京西霞山、苏州天平山、长沙岳麓山是全国四大赏枫胜地。每到叶红时节，前往一睹风采的游人络绎不绝。

阳光好的时候，不妨到枫香树下坐坐，听风摇着长长的叶柄，看光从繁茂的枝叶间落下，在树干上跳跃，影影绰绰，它们如一首轻盈的乐曲，抚平赏枫人心中的焦躁。幸运的话，我们还能在灰褐色树皮裂缝处，寻着带着甜香气味的树脂。这树脂是枫香树的“香”源，许多天然树脂可用于制作香料、药物或工艺品，枫香的树脂也不例外。七八月份间，枫香脂产地的人们在枫香树

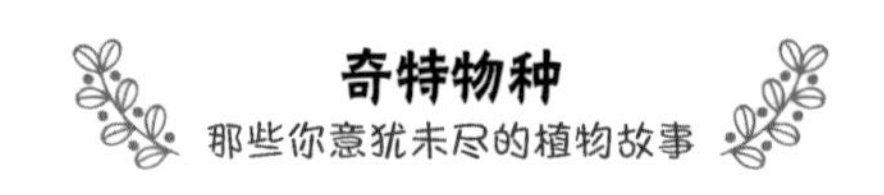

干上割出小口，并安上接收容器，约两日便会有汁液流出，之后，任其风吹日晒；十一月前后，汁液风干了，再来采集，制成固体枫香脂。

南方的山野，早已习惯了浓霜寒露的姗姗来迟，夏日里的青碧在深秋里沉淀成厚重的苍绿，继续为人们遮挡炎热。枫香也不着急，小雪节气之后，一树葱茏才开始变黄变红，冬日开始宣读它为南方山林书写的温柔与诗意，枫香的五彩世界便开启了。低温和大风听到了这些，忍不住摇下了枝头上的诗意，为大地织了张厚厚的彩色叶毯。踏上这张叶毯，那窸窸窣窣的脚步声可是奏响了枫香树为冬日谱写的乐章？

叶落归了根，枫香果褐色身影便成了主角。枫香果是头状花序发育而来的聚花果，它初呈绿色，带软刺，并不扎人，成熟时，木质化变硬变黑又像炸毛的小煤球。成熟的枫香果，长满了“心眼”，那是小蒴果们打开了它们的心灵之窗，放

枫香树：果子心眼贼多

飞了梦想旅行的种子。

枫香果表面长满尖刺或喙状小钝刺，这身“刺衣”是保护种子们能够顺利长大的“矛”。试着取一枚在石头上摩擦，随着“刺衣”的消失，丝丝缕缕的淡香缓缓弥漫，而“心眼”也越变越大，里面还住着些无法远行的种子（不育种子，没有翅衣）。其实这些“心眼”是开了天窗的子房，且每个子房底部是相通的。

掏空后的枫香果，玲珑通透，不知《封神榜》中比干拥有的七窍玲珑心，可也是这般模样？相传“七窍玲珑心”可以与世界万物交流，能使双目破除一切幻术。枫香果还有个名字叫九孔子，若形容《红楼梦》中聪慧的黛玉“心较比干多一窍”“多心眼”，那“九孔子”多的可不止一窍，是名副其实的“心眼多”。

“心眼多多”的枫香果，其貌不扬，但具有极高的药用价值。在明朝嘉靖年间，相传它是抗倭英雄戚家军的护身法宝。戚家军中大部分士兵因常年征战风餐露宿而关节疼痛肿胀，严重影响了训练，戚继光甚是苦恼，后用民间药方，每日早晚在军营中焚烧枫香果，士兵闻其烟，关节疼痛有所缓解，解决了行军困扰，军旅畅通，因此枫香果又被命名为“路路通”。

相对落得快的枫香叶而言，枫香果想必是恋家的孩子，有的果子在枝头能从秋挂到春。这也是我们第二年在山野，能邂逅干枯秋枫果挂树上的原因吧。

初春的山道上，枫香树的身姿日益沉稳，它在亘古不变的四季轮回中静观天地之变，把岁月刻进身躯写进年轮。枝头最后的枫香果，也如愿与身旁刚刚萌发的新芽打上了招呼：春天，你好呀！

文 / 李桂芳

8

榼藤子：储药的豆子

其壳贮药，历年不坏。

雨季，伴着雷声，一节成熟脱落的果荚，载着种子随着雨水没入溪流，随波而行。遇到合适的生长环境，便会停留，生根发芽。斗转星移数十载，能覆盖数亩山林。它，就是榼藤。

第一次见到榼藤时，它在林中交错蜿蜒的藤丛在我的心里塞满了疑惑，因为我左走右行十几米，都寻不着它的来处，亦望不见它的归处。最终，我在山友们的催促声中黯然离去。

再次相遇，是在旗山。疲累的我们正在溪边驻足歇息，不远处，一棵横跨溪涧的榼藤引起我们的注意。那布满苔藓的藤蔓像在无声地诉说着山间岁月，那股沉静的力量促使我站起来，越过溪石，来到它的面前。但见它海碗般大的身躯从逼仄的乱石缝中钻出，虽是藤，却粗壮如树。高悬的主蔓，每一个扭转都是一次成功穿越时空的证明。

榼藤常生于山涧或山坡混交林中，它不似牵牛花、使君子等一般的攀缘植物那般柔弱纤细，它是植物界的巨蟒。它可生长几百米甚至千米，会从山谷的这一边穿到山谷的另一边。它的攀附能力堪比蜘蛛侠的蛛丝，可以从地面斜飞到数十米高的树冠上。而树冠也不是它的终极目标，藤蔓会继续伸向四周，圈住十几棵甚至几十棵树冠，如游龙一般盘踞在森林上空，妥妥的藤界霸者。

在榼藤四周转了转，我们寻到几节掉落不久的果荚。榼藤的果实是节荚果，果实长可达 1 米，由 9—13 个节荚构成（每个节荚内含有 1 枚种子）。你若见过榼藤的花（穗状花序，每朵小花直径约2毫米），一定很难相信它那细小柔弱的花竟能结出如此大的果荚。

剥开果荚，取出里面的种子，可见种子表面附着一层土黄色粉末，洗净后现出不规则纹理，由中心向四周延展的线条似乎刻画着某种生命密码。有了水的润泽，这一粒粒黝黑发亮的种子像极了牛眼睛，所以榼藤有个俗名就叫作“牛眼睛”。

榼藤是豆科植物，这一点从它的种子上就可以明显看出。它的种子是巨大的豆，这是我见过的最大的豆。榼藤单个种子大小如晒干的柿饼，也如柿饼般扁圆。榼藤子可药用，它具有滋补气血、健胃消食、祛风止疼之功效；榼藤子亦可食用，富含脂肪酸、蛋白质、糖类等。同其他豆科植物一样，榼藤子的内部含有皂苷和血凝素，不可生食。药用需炮制：炒熟后去壳，研粉。如果要食用，

榼藤子：储药的豆子

工序则更烦琐些：要先将豆子置于火中，高温烤裂，去壳，取出种仁切片，入锅中水煮，沸水浑浊后便换水，续煮，如此反复九次，直至沸水变得清澈方可。

“榼”，古代指的是盛酒或贮水的器具，后泛指盒一类的东西。榼藤是一种古老的植物，我国现存最早的植物学专著《南方草木状》就对它有着较为详尽的描述：“依树蔓生，如通草藤也。其子紫黑色，一名象豆，三年方熟。其壳贮

药，历年不坏。”《本草纲目》中亦有记载：“人多剔去肉作药瓢，垂于腰间也。”

相对于耳熟能详的药葫芦，若无这样的古籍记载，想必许多人都不知榼藤子可用来储药。我们知道，中药成分复杂，若用铜、铁、铝等金属制作储药容器，易与中药发生化学反应，这样不但影响药效，甚至可能对人体造成伤害。因而，瓷质容器和一些天然物品制成的容器就成了首选。榼藤子坚硬的种壳有极佳的密封性，用来贮药，再合适不过，不仅可以起到防潮防虫的作用，又能保持药力不向外扩散。古人精准的观察力和物尽其用的超能力着实让人敬佩！

榼藤用了一千多个日夜培育出的种子，种壳的厚实及坚硬度不言而喻。取一枚榼藤子握在手中，掌心不免一沉，那是生命的重量。我试着用电动牙机在种子的最薄弱处——种脐上打个孔，当作药瓢的口，借用螺丝刀把种仁捣碎掏出，并寻块软木做个塞子，一个轻巧便携的药瓢就成型了。有了现代工具的加持，把榼藤子制作成药瓢，倒也不是很难的事，但古人如何在如此坚硬的种壳上挖孔取仁，仍是个未解之谜。

如今，我们已不再用榼藤子存放药品，榼藤子完成了它的历史使命，但古人留下的智慧却值得我们探寻和追随。

文 / 李桂芳

9

美冠兰：装蒜的兰花

兰之猗猗，扬扬其香。

兰花，是“花中君子”，象征着高洁。

历朝历代，爱兰者甚多，不断有文人雅士加入“兰友”阵营。由兰花演变出的植物纹样也早已转化为东方艺术的表现，融入日常生活的角角落落。可这其中，并无美冠兰的身影。

广义的兰花是兰科植物的统称，全世界约有800属25000种，资源丰富的中国约有194属1400种。狭义的兰花，即国兰，是指兰科兰属的地生兰，主要有春兰、莲瓣兰、春剑、建兰、寒兰、蕙兰、墨兰7个种类。美冠兰是兰科美冠兰属植物，虽可称为兰花，但不属于国兰，入不了国人的心。

“兰生幽谷，不以无人而不芳。”我曾以为兰花只生长在深山幽谷中，直至认识了“草坪三宝”——线柱兰、绶草、美冠兰，方知原来城市草坪上就生长着兰花，还不止一种。这是草坪一族，它们混杂在杂草中，装蒜。

线柱兰的花期最早，肩负“报春”之责，每当线柱兰小巧玲珑的白花在绵绵细雨中绽放，便意味着春天来了。

绶草分布最广，在各地的花期不定，但只要它那娇俏的身姿一现身，便会引得无数“植物人”[①]竞折腰。

美冠兰的花期通常在四至五月，但即便你天

---

① 在植物爱好者圈内，喜欢玩植物、看植物、研究植物的人，戏称自己为“植物人”。

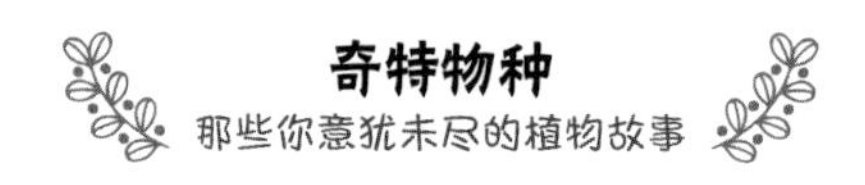

天路过它的大本营，也搞不清花葶究竟是在哪一天抽出来的，它就像魔术师变魔术一样，凭空出现在草地上，在风中伸长、舒展，很快就会长到三五十厘米，甚至更高。随风飘摇的花葶，枝枝秀逸。探索求知之心促使我扒拉起草丛，黄绿色假鳞茎半裸露着，近球形，有的长到了拳头大，在侧节抽出数枝花葶，然而，并没有见到叶芽。

美冠兰的花序是兰科显著的总状花序，疏生多数花，橄榄绿色的花瓣也是经典的兰瓣形。美冠兰花瓣的与众不同之处，在于其白色唇瓣[①]中有个流苏样淡紫红色的鸡冠状物。而美冠兰的“美冠”二字，也正由此得来，其拉丁属名也正是此意：“Eulophia”来自“eu”（好的、美的）和“lophos”（鸡冠）。

---

① 唇瓣是花瓣的一种特化结构，也是兰花最具变化的重要器官之一。

花朵盛开时，唇瓣会用美色向昆虫发出诱导性信号：来吧，这里有甜甜美美的花蜜！隐在两片捧瓣之下的合蕊柱[①]，是唇瓣最亲密的伙伴，也是最佳拍档。合蕊柱俗称“鼻”或“香子”，能散发出诱人的香甜气味，配合着唇瓣吸引昆虫前来授粉。

兰花寻求授粉所用伪装伎俩之多样，让它在植物界得了“狡猾的骗子”“心机美人”等称号。这美冠兰没有花蜜不说，唇瓣上的褶片，还会将昆虫从别处采集来的花粉搜刮得干干净净。这是典型的食源性欺骗传粉。你瞧，连植物都在提醒你，切莫被美丽的外貌迷惑了。

如果仔细观察，我们会发现，身边有不少植物都是先开花后长叶的，比如结香、玉兰、彼岸花、换锦花等，美冠兰亦如此。

---

① 合蕊柱是兰花的雌性生殖器官和雄性生殖器官相互结合的一种器官，也是兰花主要特征之一。

“花叶自是同根生，何事开时不相见？”这一切得从植物的雏形——芽说起。狭义而言，发育成花或花序的芽为花芽，发育为枝叶的芽为叶芽[①]。花芽的热情一点即燃，春天稍微给它一点温暖，它就迫不及待地开始灿烂了。叶芽则是高冷系，需要更高的温度才能唤醒它，生长起来也是不紧不慢的。

对气温的感知度不同，让花叶有了先后之分，花开不见叶，叶生不见花。这本是植物的自然现象，但偏偏多情的世人赋予其“生生相错不得见”之悲情色彩。

美冠兰的叶子通常在花全部凋萎后才长出来，扁平狭长，青翠油绿，和蒜苗非常相似，只差蒜味。叶子交错互生，又极为对称，叶柄似俄罗斯套娃般，层层套叠，形成假茎。

---

① 还有一种混合芽，既可发育成花，也可发育成叶。

哪天你路过瞧见，没准也会发出这样的疑惑：咦，这草坪上怎么会有蒜？

若不是草丛下的假鳞茎暴露了它的高贵血统，又有谁会意识到这毫不起眼的“蒜”竟是列入《濒危野生动植物种国际贸易公约》，禁止买卖的野生兰呢？

美冠兰的一生，在其橄榄绿的保护色下，尽显低调；它虽身处闹市，却偏安一隅。或许就在你的眼皮底下，它悄无声息地盛放了一个又一个花季。

文 / 李桂芳

10

牛奶根：产奶的榕树

牛奶炖鸡汤，这是一道黑暗料理吧。

一杯醇香浓厚的牛羊奶，人类一喝，就喝了几千年。“牛乳凝香犹桂膏，清新滋润入心腑。”奶香味已经成了留于唇齿间，抹不去的味道记忆。

这种记忆是强大的。在人们所吃的食物中，如果加入了奶，即使骗过了肉眼，味蕾也仍然会把奶香味从几种混合的味道中辨别出来。这确实是与生俱来的本领。但是，再强大的味蕾记忆，面对滋味万千的中华美食，有时也是会出错的。

记得有一次，我到福建客家人家中做客，主人笑盈盈地端出一碗奶香味十足的肉汤来，我不禁在心里暗暗嘀咕：“牛奶炖鸡汤，这是一道黑暗料理吧。”主人满满打上一碗，盛情难却之下，我只能硬着头皮喝上一口，居然出乎意料地好喝，清香甘甜，带着淡淡的奶香味，没有丝毫浑浊感。

“原来牛奶炖鸡汤这么好喝呢！”

当我将疑惑不解的目光投向主人时，答案很快就来了：“并没有加牛奶，只是加了我们当地人最喜欢的牛奶根。”随即，主人从汤锅中挑出一小捆根须状的草药，乐呵道，“这可是传说中，让全福建地区的鸡鸭都闻风丧胆的牛奶根哟！”

难道自己的味觉变得迟钝了？我忍不住又狠狠喝了一大口，还是喝出了牛奶的味道：“这树根怎么会炖煮出牛奶的味道来呢？”

“是的，这牛奶根就是植物奶牛，它的根与

其他食材一起炖煮后，食物都将奶香味十足，这可是我们当地的特色美食。除了根能炖煮出牛奶味外，它的全身也随时可以挤出奶来。”说到“当地”与“奶香味”时，他特地顿了顿，加重了语气，带着满满的骄傲。

“我一直以为能产奶的，只有牛羊等哺乳动物呢，真没想到植物也能产奶。”一顿饭，吃得我满腹狐疑。

如果说哺乳动物在哺乳期分泌乳汁，是为了抚育自己的下一代，那么，植物们似乎就没有这样的使命。它们的孩子在大自然中自由自在地生长，土地给予养分，阳光雨露让它们尽情汲取。其他的，似乎并不太需要。

“那牛奶根究竟是怎么产奶的呢？”一碗汤，引发了我无限的好奇。原来，福建或两广地区的人们，把所有民间流传较广、根系可食用、炖煮后有特殊奶香味的桑科榕属植物，如全缘琴

牛奶根：产奶的榕树

叶榕、台湾榕、粗叶榕（五指毛桃）、竹叶榕、天仙果等，都约定俗成地冠上了“牛奶根”这个别名。

据福建中医药大学杨成梓教授说，同样是牛奶根，民间也有不同说法。其中，全缘琴叶榕是南方地区公认的“首任”牛奶根①。细叶台湾榕、台湾榕是白牛奶根，天仙果是大牛奶根，竹叶榕是小牛奶根等。

牛奶根的全株都含汁液。当它的茎、叶、根受到伤害时，断面便会溢出乳白色的汁液，这便是人们传说的“植物产奶”的过程。伤口分泌出的汁液中含有少量抗菌的成分，能让伤口愈合。原来，“乳汁”是桑科榕属植物给自己配置的药液。

---

① 此后，其他可食用的榕属植物的根也顺带成为“牛奶根”。

“更思崖蜜煮牛乳，甘滑满瓯全胜茶。”宋代诗人李纲把蜂蜜和牛奶掺和在一起煮，他觉得味道甘美顺滑，比茶还好喝。牛奶根的汁液看着和牛羊乳一般浓稠，似乎味道也不会差到哪儿去，但如果我们效仿李纲的操作，一定会大失所望。因为牛奶根分泌的汁液不但寡淡无味，还具有一定的黏性，是不适宜食用的。牛奶根靠着隐藏在皮肤下的黏性汁液，吓退了一批又一批想要前来啃食茎叶的小虫。

每到果实成熟的季节，桑科榕属的牛奶根们都会迎来累累“硕果”，它们的果实最受小鸟的青睐。鸟儿们并不怕黏黏的汁液，而是争先恐后啄食、充饥。未消化的种子就随意地排泄到其他植物的枝干上，然后生根、发芽、成长。牛奶根的一生充满传奇。

有一种名“断肠草”（钩吻）的剧毒植物，也喜欢温暖湿润的气候，它与牛奶根的生长环境时有重叠，二者根茎也极为相似。人们采挖牛奶根时，常常会“李逵李鬼”分不清，如一不小心，错把断肠草的根茎当成了牛奶根挖回家，那么后果不堪设想。看来，要喝这碗牛奶根汤，还得独具一双慧眼。

文 / 明媚

11

球果假沙晶兰：黑暗里的白精灵

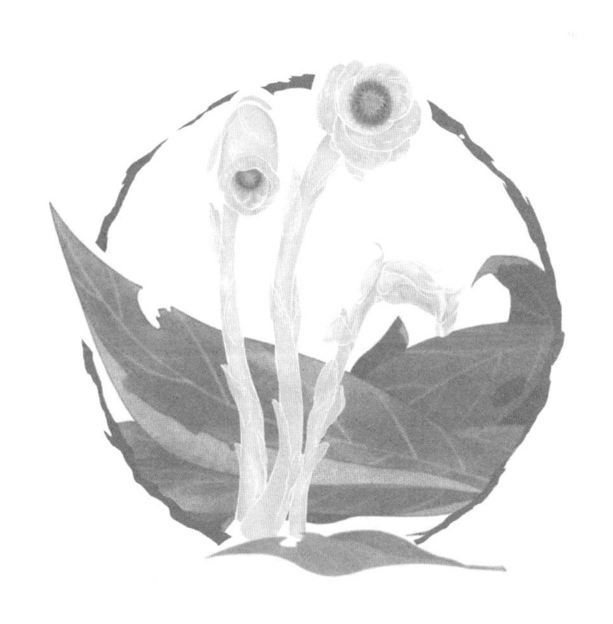

> 豌豆射手真可爱，白衣铠甲身上穿；不与俗春争芳艳，窝在深山装鬼怪。

第一次见到球果假沙晶兰图片时，着实吓了一跳，我见过许许多多花草，球果假沙晶兰却不一般：它不带一片绿叶，通体雪白，好似穿着白色纱裙的豌豆射手，随时准备开火。

这是何方神圣呢？它激起我的好奇心。原来，这是一种腐生草本植物，虽然名字带“兰”，但实际上和兰科植物并无关系，而是杜鹃花科假沙晶兰属植物。它果实成熟时，雌蕊的肚子会凸起呈球形，“球果”之名非常贴切。但这个球果总是太拗口，很多人习惯称之为“假沙晶兰”。

假沙晶兰有个亲戚叫水晶兰[1]，二者外形极为相似，生长环境也基本相同，最主要区别是开花时有无“抬头”[2]：水晶兰毕竟不带“假”，理直气壮，总是把头抬得高高的；假沙晶兰貌似知道自己是“假的”，总是羞怯地低着头，不敢正眼瞧人。

假沙晶兰在我国有着极为广泛的分布，北至东三省，南至云贵高原均有发现它的踪迹。饶是如此，仍可遇不可求，只因它大多数时间都生活在黑暗的地底，一年中只有花期才能见到它的真容，而这个期限只有一个月，这还是群体花期。大多数情况下，当它们拱出地面，拂去身上的落叶和尘土，展露出容颜和姿色时，就已经快走到

---

① 这里是指中文名“水晶兰”的植物，虽然假沙晶兰的俗称也是水晶兰，但二者在植物学上是不同物种。

② “抬头”的“头”指它的花朵。

生命尽头，而一旦死亡就会迅速变黑，隐入沙土，不见任何踪迹。到了来年，去原处看它时，却不一定见得到花。生长地飘忽不定，通体无色，以及上述生长习性，让它有了“梦兰花”“幽灵草”“冥界之花”等诸多奇异别名。

时隔多年，犹记得第一次见它的情景。

一片人迹罕至的阔叶林里，四周寂静，时有阴凉之气逼来。脚下的厚腐叶发出“嘎吱嘎吱”声响，眼睛如扫描机般不停地在四处搜索，唯恐错过哪一个角落。

终于，在一个斜坡的幽暗地见到期待已久的假沙晶兰。它憨态可掬地从落叶中探出身子，散发着幽然荧光。我们欣喜万分，蹲下，轻轻拨拉花旁枯枝枯叶。但见假沙晶兰三三两两挨在一起，像是白精灵在低眉私语，互享驾临人间的欣喜。它们的茎一节节伸展着，透如凝脂；退化的叶片如鱼鳞般往两侧舒展，似乎张翅欲飞；顶生的白

球果假沙晶兰：黑暗里的白精灵

绢般的花萼和花瓣一圈圈地卷成烟斗状花盘，像豌豆射手吐弹珠的嘴巴……最引人注目的是花盘，灰蓝色的“漏斗”异常美丽，如星空般深邃，柱头外还包围着一圈黄色花药，如嵌花边，真是可爱极了！

我们的心怦怦跳，围着它们慢慢转，像担心碰碎精致白瓷瓶般小心翼翼。我凑了凑身子，极力靠近它们，想闻闻它们的味道，但似乎没有什

么特别。假沙晶兰是“夜来香”，只在夜晚才能发出香味，但我想在白天尝试。尽管无果，但有了更为深切的感受。

环顾四周，除了枯枝败叶，似乎什么也没有。这让我想起金庸先生笔下，身居古墓、与世隔绝的小龙女，这幽灵之花的处境与她极为相似，它是如何摄取养分的呢？

这涉及植物学上的两大概念：寄生植物与腐生植物。寄生，必须依附寄主以获得营养物质，对寄主有损害，如桑寄生、列当等，都是寄生植物。腐生，通过分解有机物或死亡生物体的遗体来获取营养，包括蘑菇、木耳、灵芝，以及兰科植物中的腐生兰，如天麻、无叶美冠兰等。总之，寄生，是从寄主的活细胞中汲取营养，寄主本身不丧失生活能力；腐生，是从死亡的细胞中摄取养分，寄主本身已经丧失生命或部分失去生命。

理解了这两大概念，读懂假沙晶兰的生活史

就容易多了。假沙晶兰根部表皮覆盖着密密麻麻的真菌菌丝，这些真菌分解腐殖土产生的养分，由菌丝源源不断地供给假沙晶兰。假沙晶兰有了足够的营养，才会破土而出，拔节生花。原来，假沙晶兰才是“躺平”的始祖！

假沙晶兰因极度的白和极致的黑，被有些人称为“黑白无常”，我非常认可。但“冥界之花”“幽灵草”，还有这“黑白无常”，总给假沙晶兰扣上“装神弄鬼”的帽子，脱不开与地狱的关系。在我看来，柔弱无骨、典雅美丽的假沙晶兰更像落入凡间的精灵，最恰当的称谓应当是“黑暗里的白精灵”。在你见到它的“芳容”时，或许也有同感。

文 / 陈琳

12

算盘子：“打算盘”的奇果

算盘子，果如其名，果熟后爆开，一粒粒红色的“小算盘”珠子串在枝头上，格外醒目。

一把算盘在商界的历史舞台上叱咤三千多年。“算盘一响，黄金万两。金珠一转，神机妙算。”在没有电子计算机的年代，它曾经独领风骚，乃至在旧年俗里有一个重要的传统：年三十这天，商人们要清盘过年，象征一元复始，万象更新；正月初一，他们会拨动算盘，祈福这一年财源广进、吉祥如意。

自然界也有一类和算盘非常像的奇果，它们就是叶下珠科算盘子属的植物。它们并不著名，甚至没有几个人能注意到它们的存在。但是只要你见过它们，就不会忘怀，因为它们果如其名，果熟后爆开，一粒粒红色的“小算盘”珠子串在枝头上，格外醒目。

植物与昆虫有许多不为人知的隐秘，它们之间或相亲相爱，或钩心斗角，总是出乎人的意料。葫芦花的花筒细又长，便有了长喙天蛾为之授粉；榕小蜂在无花果隐头花序中的中性花产卵，繁殖后代，无花果依靠榕小蜂传宗接代；蜜蜂兰为了吸引蜜蜂的到来，将自己装扮成蜜蜂的模样，并散发出雌蜜蜂的味道，引来千米之外的雄蜜蜂……

算盘子也有自己昆虫届的“铁粉”和“亲密搭档”。科学家经过多年研究发现，一种名为艾胶头细蛾的蛾子，整个生活史都在艾胶算盘子内，连它们的中文名都冠着同样的名头——“艾胶”，它们共同营造着一个温馨的家园。

艾胶算盘子又名大叶算盘子(《广州植物志》)、

艾胶树（海南人习惯称呼），主产于福建、广东、海南、广西和云南等地。这种树有时可以高达十多米，这是很多人难以置信的，但最让人好奇的是它与合作伙伴“艾胶头细蛾”之间的关系。

三月的某一月明之夜，一只鬼头鬼脑的艾胶头细蛾伸出口器，在细小的艾胶算盘子雄花上采了花粉，立即飞到雌花上去授粉，并将卵产在雌花里。艾胶算盘子果实与种子发育不同步，快速发育的果皮与缓慢发育的种子之间形成了一个空腔，为幼虫发育后化蛹、结茧和成虫生存提供了恰到好处的“家”，以致艾胶头细蛾从卵到成虫整个发育过程都在果实内完成。“每条幼虫发育只取食单个心皮内两粒种中的一粒，而另一粒将成为植物繁殖的保障。”艾胶头细蛾得一宿主，得一终生免费 “饭票”，但艾胶算盘子也因艾胶头细蛾的授粉得以传宗接代。

也许造物主会偏爱某些物种，比如国色天

算盘子：“打算盘”的奇果

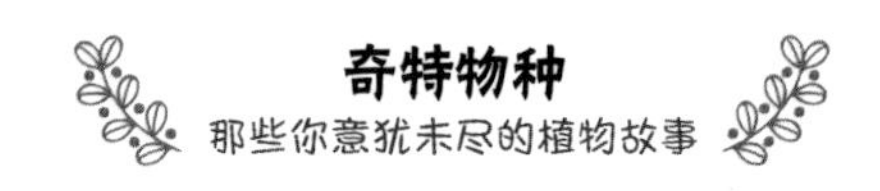

香的牡丹，比如芬芳美丽的茉莉……与此同时，也会一不小心忽略了某些物种。艾胶算盘子的花就是被忽略的吧，暗淡无彩的浅绿色，小若米粒，又极其低调地开在叶片的底下，这样自然引不了蜂蝶的关注。幸好有艾胶头细蛾的存在，它解决了艾胶算盘子的花无法授粉的难题，艾胶头细蛾在艾胶算盘子果实内躺平也显得理直气壮了几分。

又一个月明之夜，艾胶算盘子与艾胶头细蛾迎来了它们一生中最辉煌的时刻。艾胶算盘子一阵响动，果皮“嘭嘭嘭”地裂开，裸露出神似算盘、闪着朱红色光的珠子，珠子活蹦乱跳。几乎在果皮崩裂的同时，一群蛾子亦如孙悟空从花果山灵石诞生般蹦了出来，它们欢快地飞到树顶，呼吸着新鲜空气，享受着有生之年最大的自由——原来，外面的世界如此广阔与精彩！但来不及多想，因为还有更为重要的事情需要它们去做。

繁衍后代是它们一生中的重中之重。完成交配后不久，艾胶头细蛾雄性成虫就死去，雌性成虫则立即投入到工作状态——为寄主植物传粉，开始新一代的生命循环。这些精彩绝伦的大自然奥秘，是我国植物学家罗世孝博士团队，经长时间跟踪观察而揭开的。

生命是悲壮的，也是欢欣的。此刻，艾胶算盘子正值花期，而它的果实也延续到现在，花果同存，这也是很多植物学家分不清艾胶算盘子花果期的原因之一。

直到这一刻，我们才知道，算盘子果实与种子发育不同步，形成“免费旅社”的目的所在。它真真打的如意算盘也！

文 / 吴巧云

13

挖耳草：像挖耳勺的小草

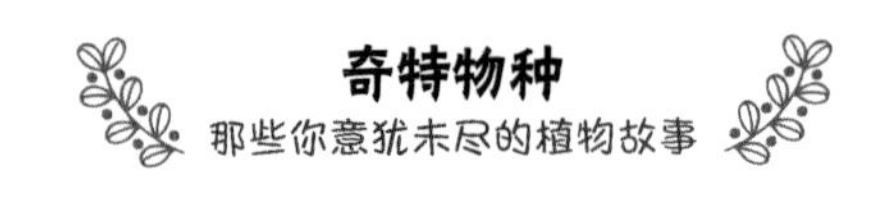

神奇的植物界里有“白耳勺”“金耳勺”“紫耳勺”，你认识它们吗?

“目彻为明，耳彻为聪”，这是聪明二字原本的含义。从出生婴儿到古稀老者，“耳聪目明”都是可以送给他们的最好祝福。古人深信，只有及时清理耳垢，才能保持耳聪的状态，于是，就发明了挖耳勺。人们也把形似挖耳勺的植物都冠以“挖耳草”之名。

先来认识一下中文名为挖耳草的狸藻科植物吧。狸藻科有两个属，水生的通常被命名为某某狸藻，它们是生活在水中的“美人鱼”，把家安在湖泊、池塘、沼泽及水田中。陆生的通常被命名为某某挖耳草，它们也和水生的狸藻一样离不开水，滴水岩壁等潮湿阴凉角落，都是它们理想的生长环境。这样的环境如同人体五官中最为隐蔽的耳洞，这也是它们被唤作挖耳草的原因之一吗？

挖耳草营养不良时，会因为没有足够的能量支持而开不出花来。在常识里，植物的生长或靠叶片进行光合作用，或从寄主、腐土获取养分，挖耳草的生长却有些与众不同，它是靠捕虫器来捕食小虫为生的。挖耳草貌似纤弱，实则是植物界的“猎人”。这一点和“蛇蝎美人”茅膏菜有点相似，但它的捕虫机制却和茅膏菜略有不同。

茅膏菜捕虫靠的是腺毛和腺毛上的黏液，挖耳草则是“靠水吃虫”，仰仗叶器[①]和匍匐枝上的捕虫囊。当水珠沿山壁滴下时，也带来了孑孓等

---

① 挖耳草像叶子一样的结构不是叶片，而是叶器，它由茎变成。有时它的茎也会变成匍匐枝，并从枝上长出假根。

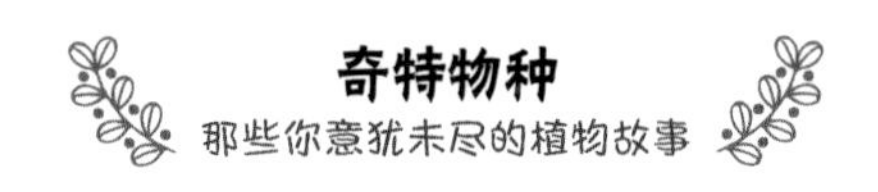

水生幼虫。水生幼虫不小心就触碰到囊口的感应毛，静候多时的挖耳草以迅雷不及掩耳之势，将小虫尽收囊中。可怜的小虫，就成了挖耳草的美食。整个捕食过程一般在一毫秒之内完成。挖耳草吃饱后，才有足够的力气抽出摇曳生姿的花葶，开出形若挖耳勺的米黄色或白色小花。人们称其为“白耳勺”。

菊科植物里也有“挖耳勺”，它就是天名精属的金挖耳。每年初秋是许多菊科植物争奇斗艳的时节，也是金挖耳的花季。它金色的花低垂，以朴素的状态绽放，恍若温良恭俭的谦谦君子。它在中医方帖中也是一味良药，几片叶子就可以治牙痛。在缺医少药的年代，人们还用它治疗毒蛇、疯犬咬伤等凶险之症。许多良药不易觅得，它却几乎遍及全国，在路边、在山坡浅草丛中，人们需要时便可轻松采得，果真是一把闪闪发光的“金耳勺”！

挖耳草：像挖耳勺的小草

神奇的植物界不但有“白耳勺”“金耳勺”，还有“紫耳勺”。“紫耳勺”是指黄芩，它的紫色唇形花犹如一把把挖耳勺，所以也被称为挖耳草。

提及黄芩，很多人也许并不知晓，但提及李时珍和《本草纲目》，一定家喻户晓。其实，这三者之间充满了传奇色彩。

相传，李时珍 20 岁时患上重疾，日日要忍受

“骨蒸发热，肤如火燎”的痛苦折磨，经医生治疗并不见效，病症不断加重。他一度以为自己必死无疑了，后经高人指点，服用了黄芩的重剂汤药，便“身热尽退，痰咳皆愈”。这一次的经历，令李时珍陷入了深深的思索之中。终于，在功名与救死扶伤之间，他选择了后者。自此，他投入所有精力研究中医药学，并撰写了流传千古的著作《本草纲目》。可以说，是紫色挖耳草——黄芩改变了李时珍的人生轨迹。谁又能想到，这样一株小小的“挖耳草”，居然激发了如此强大的力量？

我一直疑惑，人们日常生活中使用的小工具五花八门，却极少被用作花草的命名，独独一把小小的挖耳勺却被一用再用。在思索几番后，我似乎明白了其中的缘由。

许多人的记忆里都有这样温馨的一幕：某个暖阳之日，静卧在母亲的膝盖或怀里，母亲耐心且小心翼翼地用挖耳勺为我们清理耳道。这样的画面被我们一次次回放，且定格在记忆里，见到耳勺般的花草，总会特别亲切，脱口而出——“挖耳草！”

母亲的爱是纯粹的，但我们面对的世界是喧嚣的、纷扰的，常常使人陷入迷茫，愿你我皆能怀揣一棵“挖耳草”，耳聪且目明。

文 / 吴巧云

14

舞草：会跳舞的草

它是天地间自由自在的舞者。

参观过西双版纳植物园的朋友，大概都见过这样神奇的一幕：导游小姐姐对着一株一米来高的植物，深情地唱着歌。在优美的歌声中，植物叶子开始微微颤抖，继而缓缓扭动，宛若少女眨动着灵动的眸子，长而浓密的睫毛在微颤着。随着曲调的升高、加快，它亦跟随着节拍改变舞姿，此时的它，又像一位万众瞩目的舞者，或轻舒广袖，或旋转曼舞。

这株会跳舞的植物就叫舞草。

舞草是植物界“三巨头”[1]之一豆科的子民，我国的云南、福建等地都有分布。它是一种直立灌木，每个叶柄上都有三片叶子，中间的叶子大，两边的叶子小。舞草舞动时并非是整个植株在运动，而是它的一对侧小叶在转动。它的两片小叶时而向上合拢，然后又逐渐展开，似在拍着双手欢迎贵客的光临。这正暗合了北宋张洎在《贾氏谈录》一书中对跳舞草的描述：“两叶渐摇动，如人抚掌之状，颇应节拍。”

舞草同一植株上各小叶在运动时，虽然有的快有的慢，但也不是群魔乱舞，而是极具规律。有时许多小叶会同时起舞，有时此起彼落、各自舞动，有时叶片纠缠、相拥，跳起交谊舞，千姿百态，极为有趣。

植物园里有许多跟我一样慕名而来的参观者，

---

① 菊科、兰科、豆科是植物界科属中物种最多的前三。

都想一睹舞草的优雅舞姿，于是纷纷试着对它展开歌喉，有人低吟浅唱，有人引吭高歌。人类的热情，有时能换得它的展颜曼舞，有时它却只是敷衍性地做轻微摆动，像个情绪不佳的小孩，礼貌性配合一下观众而已。

舞草为何能跳舞？据科学家研究发现，舞草能感知温度、光线，以及声响的变化，并做出相应的运动。它的侧生小叶就是随着光照和温度的变化而旋转舞动。待炙热的阳光吻上它的脸，它便伸伸懒腰，开始展袖轻舞：小叶分合开张，或左右，或上下摆动，还时不时跟枝干贴合，仿如求偶期的鸟雀，边舞动边靠近。这也正契合了它的花语“爱意永恒”和“缔造完美的爱情”。而随着红日西沉，热气慢慢消散，它便随之收拢衣袖，原地轻摇入眠。

舞草的运动，不像含羞草，单纯由外界的刺激引起，也不似向日葵，因为独有的趋光性。那

舞草：会跳舞的草

么，舞草因何而舞？这问题其实一直没有确切的答案。有人说，是舞草开启防御机制，感觉有危险时便“左勾拳”“右踢腿”来吓唬敌人。也有人说，是为了驱赶蝇虫产卵，起到“老牛甩尾巴”赶苍蝇的效果。还有种说法是，因为舞草的老家在热带，那里的阳光相当灼人，为了避免阳光直射，舞草才会进化出小叶转动的技能，来使自己免受太阳灼伤。按照它舞动的条件来说，怕是最后这

种说法可信性更高，真正的缘由还是留给专家们进一步研究和探索吧。

要想欣赏舞草的舞姿，首先需要了解它的特性，从而营造适合它跳舞的氛围。同时，还需要有足够的耐心等候舞草的闪亮登场。

若是遇到晴朗又温暖的日子，恰好又有人对着它含情脉脉唱情歌，那歌声足够响亮，它便随着乐律，时而轻摇、微颤，时而激情旋转。这时的它就是舞台上那个最亮眼的姑娘。

但不是人类所有的热情，都能迎来舞草的回应。有时，任你把嗓子扯破，它就是不领情。只有爱它和懂它的人们才有缘能看到它的舞蹈。或许，对舞草来说，阳光底下微风掠过树梢的声音，小溪潺潺流过的声音，虫儿的低哝，鸟儿的鸣叫，才是唤醒它翩翩起舞的天籁，才最值得长存于心。

自从舞草自然舞动的趣味性被人们发现之后，

它就被广泛引种并应用于园艺观赏。园子里的舞草生长环境优越，享受着园丁们的精心照料，所有慕名前来观赏的游人们纷纷以歌声、琴声、笛声、箫声为它伴奏，期待能有幸欣赏到它的舞蹈。

文 / 桃小香

15

猴欢喜：让猴子白高兴的“红毛丹”

> 起初酷似板栗，逐渐又变成“红毛丹”，让人惊喜不断。

世界之大，无奇不有，有装蒜的兰花，有产奶的树，有会跳舞的草，也有让猴子白高兴的“红毛丹”。

第一次知道“猴欢喜”这个名字，源于在涌泉寺门口见到一树“板栗”。当时真以为是板栗，只觉得跟北方老家的板栗相比，似乎不太一样。直至在树下寻得一枚落果，在裂开的果壳里，看到与内果皮连在一起的黑色种子，回家查资料，才知这不是板栗，而是另一种植物，中文名猴欢喜。

好有趣的名字，真叫人过目不忘。猴欢喜为什么叫猴欢喜呢？带着这个问题，我饶有兴趣地边查资料，边决定要跟踪这棵树的春夏秋冬，看看它怎样开花，怎么结果，果子又是怎样长大，到底值不值得猴子欢喜。

关于猴欢喜名字的来源，有很多种说法。有的说是猴子很喜欢它的果实，每次遇到都高兴不已，因此得名。望文生义，这也是最浅而易见的解释。也有人说，因为它的果实在未成熟裂开时像极了板栗，待猴子兴冲冲采来，扒开后，却发现里边并没有好吃的果肉，空欢喜一场。还有人说，它的果实成熟后裂开，紫红内果皮上镶嵌的黑色种子，以及种子顶端包裹着的橙黄假种皮，拼凑在一起，看过去像猴子欢喜的脸，所以叫猴欢喜。

总之，它与猴子的欢喜脱不了干系。在我看来，猴欢喜成熟但未开裂时，无论是颜色，还是触感，以及形状，都更像美味多汁的红毛丹。

猴欢喜是杜英科猴欢喜属常绿乔木。尽管猴欢喜属在全世界约有 100 种，我国约 12 种（多分布于西南、华南地区），但最常见，也最著名的是猴欢喜。在南方野外，常可遇见。一年四季，我的眼睛就盯着这棵猴欢喜。

早春二月，这棵猴欢喜的枝头，几根细长花梗的末端突然绽开微小黄绿花，如果不是特地去看，根本无法发现它的存在。这一点，与它的本家杜英之类的植物差远了，大多数杜英花都非常美丽。细看之下，猴欢喜只有花瓣边细细碎碎的小裂片彰显着它与杜英之间的血缘。过不了多久，它的“小欢喜”就冒了出来，锥形，“嘴巴”尖尖的，表面还有一层毛茸茸的“猴毛”。起初，花后的“小欢喜”如拖着“长尾巴”的小毛球挂在树梢。随着果实的成长，“长尾”脱落，猴毛似的针刺逐渐变硬，这时的它，酷似板栗。九

猴欢喜：让猴子白高兴的“红毛丹”

月，“板栗”会逐渐从黄绿转为红色，这时，活脱脱的“红毛丹”出现了！它的色彩艳丽，让人有一种想剥开的冲动。可是它太高了，我只能在树下着急。

心急吃不了“红毛丹”。且慢慢冷静下来，耐心等待。过几日，它从里到外完全熟透时，会自然裂开，一粒粒种子着生在紫红内果皮上，宛如海胆瞪着乌溜溜的大眼睛。这时的它，又和裂开的假苹婆果有些许相似。之后，种子逐渐从内

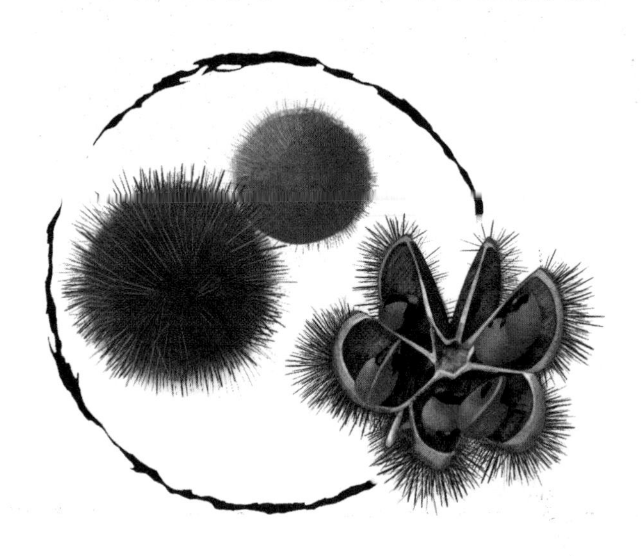

果皮脱落，果皮越炸越开，一直在枝头悬挂，至第二年入春才逐渐脱落。

猴欢喜从开花到果实成熟、果皮脱落要历经近一年，相当不易，但非常多变，让人惊喜不断。

若说猴子喜欢吃猴欢喜果，很大可能是因为许多植物是通过果实的假种皮[①]，来吸引哺乳动物取食，包括荔枝、龙眼、红毛丹等。它们的共同特点是种子外有一层甜美多汁的假种皮，动物吃完美味的假种皮，往往会随意丢弃种子。于是，无意中就帮植物完成了传播。

但我曾尝过它的假种皮，味道有点苦涩，也没有什么汁液，想来猴子并不一定会喜欢，且目前还没有猴欢喜由灵长类动物传播种子的报道。

---

① 一些植物种子外覆盖了一层肉质物，通常由珠柄、珠托或胎座发育而成，色彩鲜艳，这层肉质物被称为假种皮。

所以，猴子喜欢吃猴欢喜果实的说法，尚有待考证。没准猴子也像我，啃一口便“呸”地吐出来，说：“真难吃！害俺空欢喜一场！”

那么，既然这么不好吃，引不来猴子等动物，是谁在帮它传播种子呢？据我观察，等种子连带假种皮脱落掉到地上时，小蚂蚁就乐了。只见它在种子周围摇头摆尾，来来回回试探后，就爬上假种皮啃食起来，之后招呼同伴一起分享或搬运回家。

据科学家研究，假种皮含有棕榈酸和油酸，这两种物质都是蚂蚁所喜欢的。蚂蚁咬着裹有假种皮的种子搬运到巢里，饱餐一顿后，被吃掉假种皮的种子会被蚂蚁丢出蚁巢外。而巢外阴凉多腐叶的环境，恰恰适合猴欢喜种子的萌发。这样说来，猴欢喜改名叫“蚁欢喜”似乎更为合适。

文 / 桃小香

16

紫薇：帕“痒”的痒痒树

薄薄嫩肤搔鸟爪，离离碎叶剪城霞。

“人无千日好，花无百日红。”人们总是感叹美好事物的易逝。然而，紫薇花却是个例外。它一开便是横跨夏秋两季。紫薇花神杨万里更是如此夸奖紫薇：“谁道花无百日红，紫薇长放半年花。”

紫薇是千屈菜科紫薇属的落叶灌木或小乔木，有大叶与小叶之分，通常我们说的紫薇系小叶紫薇。盛夏时节，别的花都小心避开暑热，偏偏紫薇一股脑儿在枝头开成团、乱成麻，汪曾祺说它“简直像一群幼儿园的孩子放开了又高又脆的小嗓子一起乱嚷嚷”。紫薇花的乱，与它的花瓣和花边有关。它的花瓣如云雾，又如波浪，最难入镜，也最难描画；它的花边如芭比蛋糕裙般皱缩，看起来当然就不太整齐了。

其实，如果你认真观察过紫薇，会发现紫薇是典型的顶生圆锥花序，它的花色非常多样，有紫、红、粉、银白等颜色，也因此，它有了不同的园艺品种，紫的名“紫薇”或“翠薇”，红的名“红薇”（“赤薇”），粉的名“粉薇”，银白的名“白薇”或“银薇”……

秋冬，紫薇叶因温度的变化而呈现出不同色彩，或绯红，或黄褐，阳光照耀下，亮丽异常，风过时，如千百只蝴蝶翩跹在枝头，引得路人不由得驻足观赏。冬末，当紫薇树滑落一身华丽，它的身材就完全暴露，所有的沧桑都显露无遗。紫薇树褪去的不单是叶片和枝上干果，连着它的皮也如蛇蜕般脱去，故紫薇树又有“无皮树”之称。

其实，紫薇树早在四五月份就开始脱皮，只是人们被艳丽的花夺了眼球，到了叶落之时，才注意到树皮的变化。

令老紫薇常常感叹的是，“年轻就是好！”年轻的紫薇树，可以在脱皮的同时，新皮渐长。而年老体衰的老紫薇再也无力长出新的皮囊，只剩一副瘦骨嶙峋、沧桑虬曲的“光棍”在风中。不过，不论是否再长出新皮，紫薇的皮肤都特别光滑。一千多年前，古人也发现了紫薇的这一特征，唐人段成式就在《酉阳杂俎》里写道：“紫薇，北人呼为猴郎达树，谓其无皮，猿不能捷也。”脱皮后的紫薇树，树皮光滑得连最擅长爬树的猿猴都爬不动了。

但是，你知道吗？紫薇树最令人惊奇的不是花色的美丽，也不是脱皮现象，而是它和人类一样，竟然怕痒！而且是世界上最怕痒的树！这是至今科学家都无法明确解释的大谜题。

“痒痒树”“怕痒痒树”“不耐痒花”等俗名说的就是它这个特性。脑补一下，一千多年前，一位身穿长衫的“老小孩”蹲在树下，给貌不惊人的大树挠痒痒，眼巴巴地望着树，期待树枝树叶树顶有所反应，结果毫无动静，急得他心里也在挠痒痒。不过，最终还是搔痒成功，兴奋之余，他挥笔写下“薄薄嫩肤搔鸟爪，离离碎叶剪城霞”[①]之诗句。他就是北宋著名诗人梅尧臣。刚脱皮的紫薇树嫩肤不禁挠，不耐痒，小叶笑得乱颤，剪动着城上的霞光。

不单是梅尧臣，古今中外，男女老少，只要知道它这个囧事的人，都对它产生极大的兴趣，都想去试试挠它痒痒。而对它怕痒原因的研究也

---

① 南宋诗话《韵语阳秋》载：爪其本则枝叶俱动，俗谓之“不耐痒花”。本朝梅圣俞时注意此花。一诗赠韩子华，则曰“薄肤痒不胜轻爪，嫩干生宜近禁庐”；一诗赠王景彝，则曰：“薄薄嫩肤搔鸟爪，离离碎叶剪城霞”。

从未停止过。就目前的科学水平，关于这个“不耐痒”的原因，有以下说法：

一是“脆弱”学说。紫薇的树根与树枝粗细相当，与其他下粗上细的乔木或灌木比起来，紫薇显得头重脚轻，树皮又时有剥落情况，“护甲”脆弱，有点外力作用就会引起枝条的晃动。

二是“激素”学说。日本科学家通过实验证明，紫薇那么怕痒，全是激素在捣蛋。每种植物对外力的感受都是通过体内的激素完成的，而紫薇树的细胞由一种微小的肌动蛋白所支撑。人们一触碰紫薇，肌动蛋白就会散开，使紫薇树产生抖动的动作。这就是紫薇树“怕痒”最主要的原因。

“不说那么多了，我现在最想做的事，是找棵紫薇树挠痒痒！”有小朋友激动得嚷嚷。挠痒痒可以，不过得友情提醒，挠痒痒时，千万要避开树干上的一些小白点，你以为点着软绵绵的东西很新奇，但实际上，它是紫薇的敌人——紫薇绒蚧。它最喜欢躲在紫薇树和石榴树的分叉处与芽腋处。如果不小心按到，会有红色液体喷射出来，沾染你的手。

文 / 蓝鹊

17

野豌豆：吹口哨的豆荚

每一场生命都值得庆贺，尽管它微小如薇。

荒野里，一棵小豆苗探头探脑。“啪！”它猴尾似的卷须灵活地卷上了艾草的茎。一切来得太突然，艾草毫无准备，它用力甩了甩身子，企图摆脱小豆苗的纠缠，但无济于事。艾草气得发抖，拼命把头扎进地里，吸水，快速长大。小豆苗被艾草牵拉得差点连根拔起，只能死死稳住脚跟，豆苗越发细长了。

野豌豆与艾草玩这样的把戏至少已经两千多年了。

它们曾一同被写入中国的第一本诗歌总集

《诗经》，只不过，那时的它们，一个名“薇”，一个名“艾”。它们当年的玩伴还有杞、荠、蘩（fán），也就是枸杞、荠菜、白蒿。千年的修行，艾草成了中国端午节驱邪却鬼的守门神，枸杞、茵陈蒿光荣地加入了药典，荠菜成了野菜中的香饽饽，只有这野豌豆还晃荡在山野中，卷来卷去，一事无成。

野豌豆真的是一无是处吗？不，它背后的文化带给中国人的心灵冲击可不是普通野草野菜可比拟的。曾几何时，它的小名“薇”，让多少中国人的心泛起涟漪。尽管“薇”是草中之微，是微贱之人所食之物①，但依然没有人能抵挡“采薇”一词带来的诗意。千年过去，伯夷和叔齐“宁死不食周粟”，采薇而食之，最终饿死在首阳山的高逸，仍历历在目。

---

① 王安石《字说》云：微贱所食，因谓之薇。

“野豌豆”是野生的豌豆吗？如果这么认为，就肤浅啦。事实上，野豌豆和蚕豆才是近亲，它们同属豆科野豌豆属，而豌豆则属豆科豌豆属。一字之差，差点把我们所有人都带入坑。事实上，“薇”不是一种，而是多种野豌豆属植物的泛称，但今日的人们仍把救荒野豌豆视作“薇”中最坚定的一种。

曾经的救荒野豌豆以拓荒和救荒博得世人眼球。拓荒，只要有荒地的地方，都有它的影子；救荒，用于救度荒年的野菜，明太祖朱元璋的第五子朱橚（sù）撰写的《救荒本草》就曾载过。它并非我们一般所认为的果腹野菜。谁能想象，比别针还小的豆荚可煮食，芝麻般的小豆可用来煮粥或磨面？

丛林法则，弱肉强食。任何植物，要在这个世界生存，就必须有一技之长。要么毒，要么狠，

野豌豆：吹口哨的豆荚

要么足够聪明和美丽。救荒野豌豆花期及果期都有毒，但绝毒不过断肠草，也毒不过乌头。论聪明和美貌，它不会超越心机美人兰花。但要狠招，拼缠功，这些植物绝对比不过它。

对别人狠，不算狠；对自己狠，才是真的狠。野豌豆恰是能对自己狠的那位。在漫长的进化史中，哪里有生存的信号，它就往哪里转动、攀爬，不惜削尖“脑袋”，拉长茎，进化出天线般的卷须。无数个日夜，重复了无数遍，它才演化出今日的攀缘能力。疼吗？必定！苦吗？必定！但这种自虐式的进化，对野豌豆来说，意义非凡，为自身争得了一丝阳光，夺得了一席之地。纵然柔弱，有了决心与狠心，也能所向披靡。

当然，光是拉长自身是永远不够的，它还需要坚韧的缠功和联网结盟能力。不管是带刺的卷耳，还是带刀的芒草[①]，它都必须迎刃而上。至于其他物种，更不用说了，团结就是力量，攀爬才是目的。遇谁缠谁，能屈能伸，才能永立不败之地。

有时，野豌豆会虚张声势，将茎须弯成一把钢叉，将豆荚扛得如一柄战斗中的关刀，用钢叉和刀尖告诉进犯的敌人："你不要过来！过来，你就死定了！"

没有对手的时候，野豌豆也会自缠自乐，甚至自带自我激励机制。它的茎节每向前一步，就奖励自己一朵紫红花[②]；紫红花谢了，就为自己竖起一个大拇指[③]，告诉自己："你真棒！"来巡山的我，常采下青豆荚，沿腹线掰开，去籽去膜，

---

① 五节芒叶边有锯齿，会割手，传说鲁班发明锯子的灵感便来自芒草。

② 救荒野豌豆的花腋生，有时一朵，有时两朵，少有三四朵。

③ 救荒野豌豆饱满的小豆荚神似竖起的大拇指。

折断，置舌下一卷，缓缓用力，吹之，用低沉的哨声为薇草吹奏一首《草芥悲壮曲》。

救荒野豌豆就靠着这些狠招和傻劲，走遍世界，以至于每个地方都有关于它的传说，都有属于它的地方名。光是在中国，它就拥有数十个别名，包括大巢菜、野绿豆、垂水、箭筈豌豆、箭舌豌豆、急救粮、翘摇等。

夏日的一天，烈阳下，饱胀的黑豆荚纷纷扭转、爆裂，“砰砰砰”地响，如燃鞭炮，一切都在电光石火之间，小豆子被弹得远远的。如果你有幸见到这样的场景，请别惊讶，这是野豌豆在为自己完成使命、送行新生命而举办的特殊仪式。

每一场生命都值得庆贺，尽管它微小如薇。

文 / 青色

18

构树：冒烟的“毛毛虫”

一棵不起眼的树此起彼伏地冒着缕缕青烟，若有若无。

城市中心，嘈杂的桥头，正上演一幕梦幻般的大戏：

一棵不起眼的树此起彼伏地冒着缕缕青烟，若有若无。有时，烟圈陡然蹿起，急急散去；有时，烟圈绕着树杈，不舍地回绕三圈，再绝尘而去；有时，三两个烟圈同时升起，结伴飘移、散开、消失。

这是雄构树花序令人着迷的“冒烟”现象。构树是典型的雌雄异株植物，也是标准的风媒花。在这座城市的河岸，每隔数十米就有一株构树，且雌构树的不远处，一定会有一棵雄构树为它守护。每年三四月份，雄构树就挂满密密麻麻的“毛毛虫”［植物学上称为柔荑（róu tí）花序］，雌树枝梢就冒出带丝的“毛球”（植物学上称为头状花序）。这是它们一年一度的“鹊桥相会”，是植物界的奇观，其壮观程度一点不亚于海上珊瑚虫的“集体婚礼”。

谁也说不清构树掌握了什么样的生命密码，能调整生物钟，让无数的雌、雄构树花在同一时期爆蕾，又在一两个星期内完成开放、授粉。雌、雄构树顾不上人类注视的目光，等不及蜂蝶做媒，更来不及选个浪漫的月圆之夜，只待雄花成熟，花萼裂开的刹那，四个内折的花丝就在内力的驱动下，如弹簧般“砰”的一声弹出、伸直，伴随着爆发力，花粉粒喷涌而出。

这是植物界最快的运动之一，它的速度快得可与挖耳草捕虫囊的捕虫速度相媲美。正因速度太快，肉眼根本无法捕捉冒烟的小花及其所在的花序。近年来，几乎每年花期，我都会在桥头静候“烟雾”的出现。直至第七个年头，我在河边见到成片绕树飞舞的影子，激动得差点抱树而泣——“终于找到了！”到家回放视频，才发现并非烟雾而是一团小黑虫，啼笑皆非。

此后，我仍继续等待。有时，等得不耐烦，就会对着“毛毛虫”用力吹，希望它能顺应我的意愿，冒出迷人的“烟”，但它丝毫不为所动。唉，只有河对岸的雌树才能“招引”它快速开放，快乐冒“烟”。一缕烟雾是一朵花开，烟雾含有数百万颗花粉粒，它的目的地是河对岸。为了讨雌花的欢心，雄花必须专心酝酿，烟圈才能又大又圆，还能蹿得高。谁弹射得高，被风吹得越远，谁就有越多机会授粉。生存与繁衍是动植物永远的主题。

“冒烟”不是构树独有的能力，玉米、杨树、

构树：冒烟的“毛毛虫”

松树、莎草等都能做到，但只有构树将这项“伟大事业”拓展到极致。每一棵高大的雄构树都有数百万个柔荑花序，每个柔荑花序都有数百朵小花，这些小花轮流“冒烟”，昼夜无休，持续三四周，且同一花序的小花并非同时开放，其“冒烟”的规模可想而知。

对于雄构树来说，这是一场豪赌。在风的鼓动下，无数的花粉粒铺天盖地地朝河对岸席卷，但只有极少部分的花粉粒有机会孕育自己的后代。受精后，雌花如丝的花柱萎缩，子房长大，孕育新的生命。而雄花也完成使命，悲壮离去，树下躺满了“毛毛虫”。雌、雄构树又开始新一年的守望。

雄花序前仆后继的牺牲，雌花序无微不至的抚育，让构树很快成为野树中的王者，足迹遍及大江南北。早在《诗经》中，就有关于它的记载：“黄鸟黄鸟，无集于穀，无啄我粟。此邦之人，不我肯縠。言旋言归，复我邦族。”只是，彼时它的名字为“縠”（gǔ）。除此之外，它还是《山海经》中记述最多的树种。正因构树随处可见，一千多年前的某个日子，为造纸一筹莫展的蔡伦，遇上了在河中浸泡了不知多少日夜的构树皮残留物，灵感乍现，将其带回，成就了我国的四大发明之一——造纸术。

“用树肤、麻头、敝布、鱼网以为纸。元兴元年，至元帝，善其能，自是莫不从用焉。故天下称蔡侯纸。”《后汉书·宦者传》如此记录这段光辉的历史。

如今，当我们无意中见到一棵会“冒烟”的树时，不知是否能将它与曾经的蔡侯纸联系起来呢？

文 / 青色

19

血叶兰：无尾的“壁虎”

血叶兰茎节如断尾壁虎的脚，紧紧吸住苔壁，换来生命的转机。

许多植物都有记录自己年龄的独特方式：树有年轮，草有茎节。当然，后者只有一小部分人类能够读取出来，如石仙桃、黄精、血叶兰等。

石仙桃一年只长一粒“桃”[1]，数数“桃子”就知它的芳龄。多花黄精一年长一个顶芽，挖开，看它的地下根茎，几节就是几岁。血叶兰的根状茎简单，无须挖开，它如壁虎般横走于石壁上，一览无遗，所有的茎节摆放在人们面前，节数便

① 石仙桃即民间所说的“石橄榄”，它的假鳞茎如一个个“小桃”，且常附生在石壁上，故得此名。

是它的年岁。

血叶兰属是兰科植物中的地生兰，全世界约4种，但在我国，该属只有一个独苗苗，那就是血叶兰本种，它主要分布于广东、香港、海南、广西、云南、福建等地。在福建闽南地区，血叶兰被称为“公石松”，是北宋时期闽台地区最有影响的民间“医神”保生大帝的慈济宫药签之一，药用历史悠久。正由于其药用及观赏价值皆高，近年来，野生血叶兰面临严重威胁。因此，它被列为国家二级保护植物。随意挖取或破坏它，可是要坐牢的！

血叶兰虽是地生兰，但我所见的血叶兰多在悬崖之上，它似乎离地面越来越远。在野外，遇到血叶兰本就不易，恰巧在花期，更不易。前些年，我和朋友去了一个艰险的山岭，因体力透支，近在咫尺，却错过了血叶兰，而另一拨花友就在离我们不远的地方发现了它的倩影。我甚为痛惜，发誓第二年定要去看它。

次年，血叶兰的花期如约而至，我们踏上了行程。南方的暮春依然温润，山野的绿浓得似乎要从眼里满溢出来。别被它温柔的外表迷惑！攀登这座山的难度在当地诸多山岭中名列前茅，几乎每年都有意外发生。纵是如此，也无法阻挡人类探索的步履。大自然的神秘有着无穷的魅力。

比起此前，这次我们不再是漫无目的地普查，而是直奔主题。越过一重又一重的山水，我们在三面是陡峭山岭的路口停下。前方开阔，万丈飞瀑从天而降，石壁上撞落的水花引起游客阵阵惊叫，人们无忧无虑地在溪涧旁嬉戏着。

崖壁高处，陡峭而嶙峋，上有一片火红的植物，便是血叶兰。当我们在崖下仰望它时，它呈现的永远是叶下红。它似乎在用生命触碰火焰，将自己燃烧。崖壁上开出的花，精美无敌。真担心这样的美，点燃了某些不该点的人心。血叶兰

血叶兰：无尾的“壁虎”

的叶子，表面苍绿，内里血红，叶片上还有若隐若现的金丝，因此，人们也叫它“金线莲”[①]。

血叶兰的名字血腥，花却秀气。珍珠白的小花，含着蛋黄色的花蕊，如水仙花般缀满花茎。流涧旁的它，在湿气氤氲中，摇曳着一种诗意的美丽。它并不高，加上抽葶的花序，也不过十来厘米。不过我们可不敢小觑它。一株看似只有巴掌长的血叶兰，可能都已长了十多年了。十年时间，一棵桉树便可成材，能够做很多很多的纸张；十年时间，一个孩童能从小学升入高中，有了大人的模样。但崖壁上的血叶兰只专注做两件事，那便是拔节与开花。浓缩的时光，在它的身上闪耀。

老“植物人”都说：“血叶兰在大多数情况下，一年长一片叶子，丢一片，再露出一个节。”

---

① 此金线莲与中文名金线兰的金线莲非同一物种。

在这里我却观察到另一种景象，它几乎所有的根茎都浮在崖壁上，让人一览无遗。更令人好奇的是，所有匍匐在石壁上的血叶兰茎节，都如刀削般被截成一段一段的。这是它别样的生长方式吗？对于熟悉的花草，资深植物爱好者闭着眼，脑袋里都能播放出它从种子，到发芽、展叶、开花、结果的整个过程。但对血叶兰我却不懂。我在崖壁上看到的更多是生命的挣扎与拼搏。或许，大多数血叶兰来不及长根，便从崖壁滑落，跌进深塘。只有少部分能在机缘巧合下，适时抓住机会，茎节如断尾壁虎的脚，紧紧吸住苔壁，换来生命的转机。这部分侥幸生存下来的血叶兰，是那些来不及长大的血叶兰所梦想成为的幸运儿。

此刻，一束阳光打在血叶兰上，它的整个轮廓焕发出银红色的光芒，如朝霞般回照着我们。

文 / 青色

20

槲蕨："推车"的蕨类植物

一轮又一轮的“车轮”自枯叶间滚出，徐展成一根根羽状叶。

“嗒……嗒……嗒……”春雨，一点一滴敲打着附在大树干上层层叠叠的枯叶，它们似乎一动不动。几天之后，枯叶下钻出一条毛茸茸的金色“小尾”，缓缓向前延伸。

不久，毛尾上冒出翠绿的“小点”。十多天后，“小点”也成了巴掌大的盾状叶，只不过它的颜色极为鲜绿。与此同时，一轮又一轮的“车轮”自枯叶间滚出，徐展成一根根羽状叶。

这是公园里一棵老树上的附生蕨类，名叫槲蕨，因羽状叶如槲树的叶子而得名。

槲蕨祖上有段光辉的历史，它独具“主伤折、补骨碎”的特殊疗效，在1000多年前治好了唐玄宗李隆基的外伤，于是，皇帝赐予它一个至今依然响当当的中药名——骨碎补。明代李时珍撰写的《本草纲目》明确记载了这件事。

此刻，它勃发着春的诗意，在树上肆意绣出各种美丽图案。“金毛尾”、盾状叶、羽状叶是槲蕨的标配，与之相对应的是它的根状茎、营养叶和孢子叶。

槲蕨的根状茎酷似生姜，它的许多别名也由此而来，如申姜、猴姜、毛姜等。槲蕨有两种外形截然不同的叶子，即上面提到的盾状叶（营养叶）和羽状叶（孢子叶），这在植物学上称为“二型叶”。二者各司其职，营养叶主要负责光合作用；孢子叶负责繁殖孢子。

孢子叶初生时如攥得紧紧的小拳头，故有“拳卷叶”之称。别小瞧这个内卷的拳卷叶，它可是蕨类植物的“身份证”。在野外，见到一种植物有盘旋如海螺，或半展如问号的拳卷叶，请大胆确认，这是蕨类植物。

蕨类植物是个奇迹，它是大约4亿年前地球灾难幸运的逃生者，但并非所有的蕨类都是“活化石”。除了世界上唯一现存的木本蕨类桫椤以外，其他的草本蕨类几乎都相当“年轻”[①]。

但无论如何，古老的蕨类为现今的蕨类保留了一丝血脉。古生物学家将这份功劳归于孢子。正是这个以亿为计数单位、仿如尘埃的孢子，为蕨类夺得一条生路。“广撒网才能多捕鱼”，这样的道理，蕨类也懂。

也正因如此，从拳卷叶开始，孢子叶就跟护

---

① 蕨类植物专家罗宾·C. 莫兰在《蕨类植物的秘密生活》中写道，水龙骨类植物可靠的化石记录最早源于约7500万年前的晚白垩纪。

槲蕨："推车"的蕨类植物

着眼珠子一样，紧紧护着孢子，直到自己垂垂老矣[①]。孢子常以孢子囊的形式存在于孢子叶的叶背。很多人觉得孢子囊很神秘，其实，就是一堆看起来像虫卵一样的颗粒。它的颜色、形状、分布是辨识蕨类植物属于某一种的重要特征。这是许多植物爱好者或植物学家见到蕨类植物，常习惯性翻叶背的原因。不单是孢子叶的舒长，“蕨生”的任何一个阶段，槲蕨都不敢掉以轻心，它坚定地巩固自己的领地，竭尽所能地拓展生命蓝图。

在南方，槲蕨最常附生的植物是樟树、木棉、重阳木等树干有裂纹的老树。裂缝给了它生存的乐土，尽管只有那么一点点，但已足矣。它把这些树当成私有领地，在枝干上横冲直撞，肆无忌惮。在城市公园中，槲蕨俨然树上霸主。偶尔，它也会遇到对手，那就是同样是蕨类植物的

---

① 生长过程中，孢子叶慢慢下垂，直至枯黄。

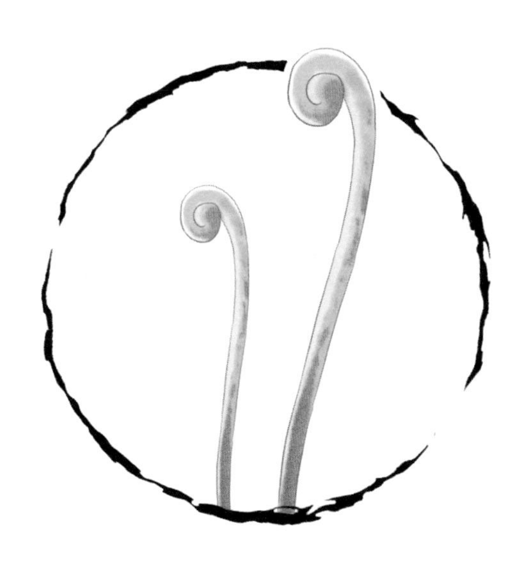

阴石蕨。带“阴”字的阴石蕨个头矮了点，但擅长“玩阴”，总是趁槲蕨不注意抢夺地盘。每当此时，槲蕨就毫不客气地用高大身躯碾压它。也因此，一些树上常可见两种蕨类纠缠在一起，不分你我。它们让公园里的树有了一份原始森林的韵致。

六月，槲蕨营养叶耗尽心力，悉数离去，留下几片干枯的盾状叶附着在树上。这是它来过尘世的唯一印迹。随着营养叶的离去，槲蕨的根状茎也停止生长，全力供给孢子叶营养。孢子囊终于成熟、裂开，孢子以肉眼难以跟上的速度，如弹弓般弹射、飞出，再借风力或水力散布出去。之后，孢子萌发，通过复杂的过程成为小桫椤……这是大自然隐秘的手笔。

秋天，孢子叶可以再次展叶，举着车轮似的拳卷叶昭告天下它承载的使命，但营养叶大多没有这样的机会，它已枯萎在向上攀爬的路上。它攀爬的长度就是桫椤一年的行程——重叠的几片枯叶，七八厘米长的“蕨衣”。每向上攀爬一米，就需要至少十年的时间。树顶的阳光总在不远处召唤着它。

或许，桫椤推着那一轮轮满载孢子的“车”向前时，就已决定了它飞翔的格局与高度。

文 / 青色